U0292223

美颜奇肌

魔法美妆书

中国台湾《瑞丽美人》特刊部 编

花山文艺出版社

图书在版编目(CIP)数据

美颜奇肌魔法美妆书 / 台湾《瑞丽美人》特刊部编.
石家庄:花山文艺出版社,2009.12

ISBN 978-7-80755-667-1

Ⅰ.美… Ⅱ.台… Ⅲ.①化妆—基本知识②美容—基本知识
Ⅳ.TS974.1

中国版本图书馆 CIP 数据核字(2009)第 209852 号

冀图登字:03-2010-001 号

美颜奇肌魔法美妆书

编　　者: 中国台湾《瑞丽美人》特刊部
策　　划: 张国岚　尹志秀
责任编辑: 尹志秀
特约监制: 孟　祎　刘　艳
特约策划: 王俊灵
特约编辑: 钱其强　王　薇
封面设计: 四月工作室
出版发行: 花山文艺出版社
地　　址: 石家庄市友谊北大街 330 号
邮政编码: 050061
网上书店: http://www.hspul.com/ecity
邮购热线: 0311—88643242
销售热线: 0311—88643227/3228/3229
传　　真: 0311—88643225
E-mail: hspul@163.com
印　　刷: 小森印刷(北京)有限公司
经　　销: 全国新华书店
开　　本: 787 毫米×1092 毫米　1/24
字　　数: 200 千字
印　　张: 6
版　　次: 2010 年 2 月第 1 版
2010 年 2 月第 1 次印刷
书　　号: ISBN 978-7-80755-667-1
定　　价: 39.80 元

本书使用 导读说明

三大主题引导

排行榜＋梦幻组合＋品牌故事

分类清晰！

Part1 中国台湾地区药妆店年度热卖排行榜

药妆店年度最畅销热卖的开架＋医美保养品 TOP 5 颁奖典礼，依各类排行榜畅销保养产品作细致分析（保湿、美白、抗老、吸收度、清爽度等各方面评比）

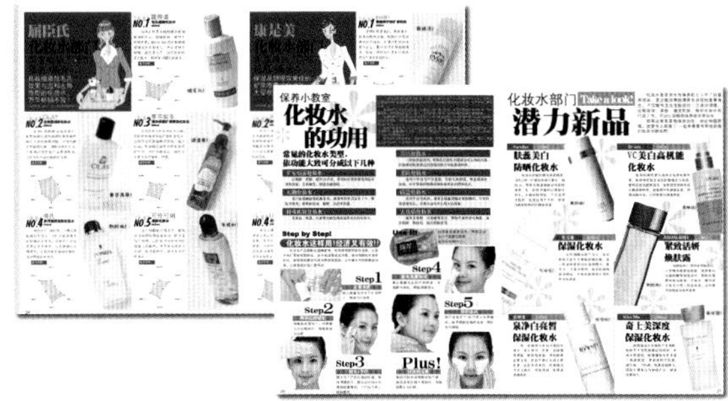

你可以从最想知道的畅销品排行榜与产品分析中，挑选适合自己的保养产品，还有潜力新品推荐，为你提供更多选择！

针对每一类产品，开辟保养小教室，帮助学习产品的正确选购、使用方式及保养步骤技巧！

Part2 2-1 彩妆大师游丝棋教你花小钱打造百变妆效

推荐 500 元就能搞定完美妆容＋关键技巧

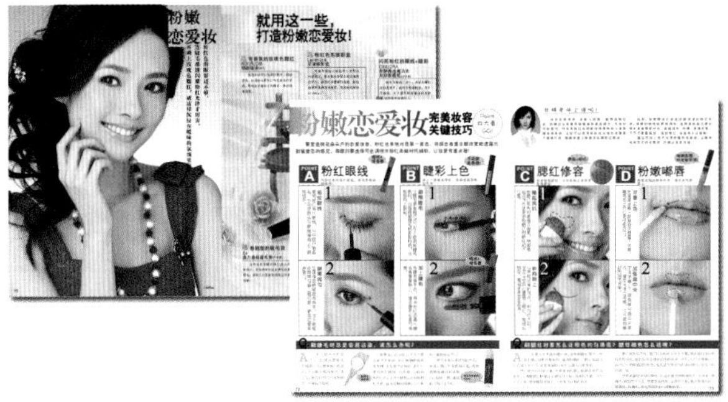

时尚烟熏妆、干练上班妆、清新通学妆、心机裸妆、闪耀 PARTY 妆、大眼娃娃妆、粉嫩恋爱妆、气质名媛妆、偷心恶魔妆，9 种实用妆容皆有超值的开架梦幻产品组合就能轻松完成，还有关键步骤放大，清楚教学，针对读者们最困扰的彩妆问题 QA 大解析！

Part2 2-2 保养达人牛尔、何嘉文、吴玟萱告诉你超省钱拥有美丽肌肤的秘密

推荐 600 元的梦幻保养组合＋美肌对策

依各种肤质（干性肌、油油肌、敏感肌、斑点肌、痘痘肌、暗沉肌、细纹皱纹肌、毛孔粗大肌、老化松弛肌、压力疲劳肌），由达人推荐适合的开架及医美保养品，只要 600 元以下就能轻松搞定，还有达人保养秘方分享，步骤详细地解说肌肤保养的重点与小技巧，立即为完美肤质加分！

Part3 优质开架＋医美品牌档案大公开 知己知彼，百选百胜

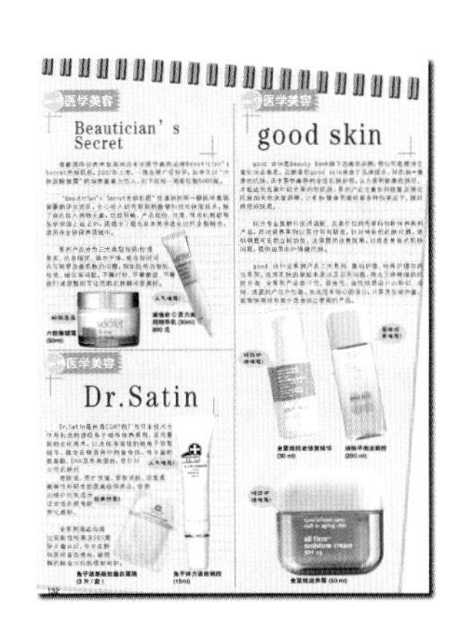

了解了自己的肤质与保养技巧后，更要了解产品品牌，做个聪明的消费达人。这里为你整理分类了众多优质开架＋医美品牌，以档案介绍方式，让你更清楚品牌故事、品牌专攻、特色、经典及人气商品等，帮助你更了解美妆品牌，对品牌有基础概念，进而能更精准挑选最想要、最适合的品牌与产品。

目录 Contents

001 本书使用・导读说明
004 阳光甜姐儿卓文萱美丽秘密，公开

006 **Part 1——中国台湾地区药妆店年度排行榜TOP5颁奖典礼！最热销、最具专柜实力的开架+医学美容保养品！**

洗颜
008——屈臣氏洗颜部门年度畅销 TOP5 强品
009——康是美洗颜部门年度畅销 TOP5 强品
010——Check! 洗颜产品怎么选？
011——保养小教室——正确洗颜知多少？
Step by Step! 这样洗才干净！
012——洗颜部门潜力新品 Take a look!

卸妆
013——屈臣氏卸妆部门年度畅销 TOP5 强品
014——康是美卸妆部门年度畅销 TOP5 强品
015——保养小教室——浓淡妆卸法大不同
016——Check! 卸妆产品怎么选？怎么用？
Step by Step! 眼部卸妆最重要！
017——卸妆部门潜力新品 Take a look!

化妆水
018——屈臣氏化妆水部门年度畅销 TOP5 强品
019——康是美 化妆水部门年度畅销 TOP5 强品
020——保养小教室——化妆水的功用
Step by Step! 化妆水这样用！经济又有效！
021——化妆水部门潜力新品 Take a look!

乳液
022——屈臣氏乳液部门年度畅销 TOP5 强品
023——康是美乳液部门年度畅销 TOP5 强品
024——保养小教室——乳液选择学问大！
025——乳液部门潜力新品 Take a look!

精华液
026——屈臣氏精华液部门年度畅销 TOP5 强品
027——康是美精华液部门年度畅销 TOP5 强品
028——保养小教室——机能性最强精华液
Step by Step! 精华液 + 指压按摩，保养效果 UP!
029——精华液部门潜力新品 Take a look!

日晚霜
030——屈臣氏日晚霜部门年度畅销 TOP5 强品
031——康是美日晚霜部门年度畅销 TOP5 强品
032——保养小教室——日晚霜怎么用？
Step by Step! 乳霜变身按摩霜，超省钱！
033——日晚霜部门潜力新品 Take a look!

眼霜
034——屈臣氏眼霜部门年度畅销 TOP5 强品
035——康是美眼霜部门年度畅销 TOP5 强品
036——保养小教室——不可少的亮眼法宝：眼霜
Step by Step! 这样用帮助拉提、消除浮肿！
037——眼霜部门潜力新品 Take a look!

面膜
038——屈臣氏面膜部门年度畅销 TOP5 强品
039——康是美面膜部门年度畅销 TOP5 强品
040——保养小教室——最快速的急救保养：面膜
Plus! 面膜的加分法！效果 UP!
041——面膜部门潜力新品 Take a look!

护唇
042——屈臣氏护唇部门年度畅销 TOP5 强品
043——康是美护唇部门年度畅销 TOP5 强品
044——保养小教室——美唇让微笑更迷人
Step by Step! 护唇关键技巧，你做对了吗？
045——护唇部门潜力新品 Take a look!

防晒隔离
046——屈臣氏防晒隔离部门年度畅销 TOP5 强品
047——康是美防晒隔离部门年度畅销 TOP5 强品
048——保养小教室——防晒为美白抗老之母
Step by Step! 防晒隔离怎么用？
049——防晒隔离部门潜力新品 Take a look!

050 **Part2——荷包保卫战：不用抢百货公司特惠组了！**

051——2-1 Make Up- **游丝棋**
教你 500 元以下搞定完美妆效

心机裸妆
052——心机裸妆
053——就用这些，打造心机裸妆！
054——心机裸妆完美妆容关键技巧

清新通学妆
056——清新通学妆
057——就用这些，打造清新通学妆！
058——清新通学妆完美妆容关键技巧

气质名媛妆
060——气质名媛妆
061——就用这些，打造气质名媛妆！
062——气质名媛妆完美妆容关键技巧

粉嫩恋爱妆
064——粉嫩恋爱妆
065——就用这些，打造粉嫩恋爱妆!
066——粉嫩恋爱妆完美妆容关键技巧

偷心恶魔妆
068——偷心恶魔妆
069——就用这些，打造偷心恶魔妆！
070——偷心恶魔妆完美妆容关键技巧

利落上班妆
072——利落上班妆
073——就用这些，打造利落上班妆！
074——利落上班妆完美妆容关键技巧

大眼娃娃妆
076——大眼娃娃妆
077——就用这些，打造大眼娃娃妆！
078——大眼娃娃妆完美妆容关键技巧

闪耀 Party 妆
080——闪耀 Party 妆
081——就用这些，打造闪耀 Party 妆！
082——闪耀 Party 妆完美妆容关键技巧

时尚烟熏妆
084——时尚烟熏妆
085——就用这些，打造时尚烟熏妆！
086——时尚烟熏妆完美妆容关键技巧

目录 Contents

088—— 2-2 Skin Care：牛尔、何嘉文、吴玟萱带你买到600元的梦幻保养组合！

干性肌

089—— 达人推荐！干性肌就用这些

090—— CHECK! 干性肌的保养对策

091—— TIPS! 达人如何对抗肌肤干燥？

油油肌

092—— 达人推荐！油油肌就用这些

093—— CHECK! 油油肌的保养对策

094—— TIPS! 油油肌的保养要点

敏感肌

095—— 达人推荐！敏感肌就用这些

096—— CHECK! 敏感肌的保养对策

097—— TIPS! 敏感肌省钱急救这样做

斑点肌

098—— 达人推荐！斑点肌就用这些

099—— CHECK! 斑点肌的保养对策

100—— TIPS! 斑点肌的护理要点

痘痘肌

101—— 达人推荐！痘痘肌就用这些

102—— CHECK! 痘痘肌的保养对策

103—— TIPS! 痘痘肌的护理要点

暗沉肌

104—— 达人推荐！暗沉肌就用这些

105—— CHECK! 暗沉肌的保养对策

106—— PLUS! 摆脱暗黄菜菜脸，这样做

细纹皱纹肌

107—— 达人推荐！细纹皱纹肌就用这些

108—— CHECK! 细纹皱纹肌的保养对策

109—— TIPS! 细致皱纹肌的按摩重点部位

毛孔粗大肌

110—— 达人推荐！毛孔粗大肌就用这些

111—— CHECK! 毛孔粗大肌的保养对策

112—— TIPS! 毛孔粗大肌的保养重点

老化松弛肌

113—— 达人推荐！老化松弛肌就用这些

114—— CHECK! 老化松弛肌的保养对策

115—— PLUS! 对抗地心引力，按摩提拉最有效

压力疲劳肌

116—— 达人推荐！压力疲劳肌就用这些

117—— CHECK! 压力疲劳肌的保养对策

118—— PLUS! SPA 舒压自己来，不用花大钱

119 **Part3——Super Brand-应征你的美丽管家！优质开架、医美品牌档案大公开！**

（资料来源：中国台湾地区医美品牌数据）

医学美容

120—— file-1 —— DR.WU

121—— file-2 —— URIAGE

122—— file-3 —— 宠爱之名

—— file-4 —— BIODERMA

123—— file-5 —— NOV

—— file-6 —— UNT

124—— file-7 —— Avene

—— file-8 —— 妮傲丝翠

125—— file-9 —— VICHY

—— file-10—— 葆疗美

—— file-11—— 理肤泉

126—— file-12—— Beautician's Secret

—— file-13—— good skin

—— file-14—— Dr.Satin

开架美容

127—— file-15—— BOURJOIS 妙巴黎

128—— file-16—— mini Bourjois 迷力巴黎

129—— file-17—— pdc

130—— file-18—— KATE

—— file-19—— Lavshuca

131—— file-20—— AQUA LABEL

—— file-21—— MAJOLICA MAJORCA

—— file-22—— INTEGRATE

—— file-23—— Freshel

132—— file-24—— Kiss Me 花漾美姬

—— file-25—— Barbie

—— file-26—— MAYBELLINE

—— file-27—— CINEORA

133—— file-28—— L'OREAL

—— file-29—— 高丝 蔻丝媚影

—— file-30—— Za

—— file-31—— Biore

134—— file-32—— OLAY

—— file-33—— GARNIER

—— file-34—— Neutrogena

—— file-35—— ALOINS

135—— file-36—— 我的美丽日记

—— file-37—— 美颜故事 Be'fas

—— file-38—— Majiami 玛奇亚米

—— file-39—— 曼秀雷敦

136—— file-40—— Burt's Bees

—— file-41—— 自然美 fonperi

—— file-42—— JUJU

—— file-43—— PALGANTONG 剧场魔匠

137—— file-44—— Yes To Carrots

—— file-45—— Sanctuary 圣活泉

—— file-46—— heme

—— file-47—— 广源良

网路品牌

138—— file-48—— BRTC

—— file-49—— SkinAngel

卓文萱
服饰/bait

阳光甜姐儿 卓文萱 美丽秘密，公开！

粉丝口中的卓小咪，15岁出道时的模样已不复见。现在的Genie，散发一股清新甜美的自然气质，成了偶像剧、广告新宠儿，人气指数百分百。卓式甜美风现在正IN。想了解Genie的美丽哲学吗？一起来瞧瞧吧！

有神眼妆是魅力关键

由于恰好在偶像剧里饰演一位眼盲的创作歌手，因此，眼睛对于一个人的重要性，Genie也特别有体会。眼睛是心灵的窗口，这句话Genie非常认同，也认为该体现在妆容上。所以一直以来Genie化妆总是特别着重在眼部，让她的大眼睛看起来炯炯有神。

崇尚自然主义的Genie，喜欢大地色系或是淡色系的眼影，带点珠光让眼部更亮，有光泽感，睫毛膏是Genie每次一定会加强使用的，长长的睫毛在眨眼间更为迷人哦！

想要好气色 腮红不能少

肤色健康的Genie，平时化妆喜欢擦上橘色的腮红，能够透出自然不造作的好气色。建议大家一定要针对自己的肤色选择适合的腮红颜色，不要跟从流行。否则不但无法为妆效加分，反而会因为看起来不自然而显得突兀。

保湿是保养的首要工作

因为本身属于混合偏干的肤质，Genie平常的保养工作最重视的就是保湿了，皮肤不干燥是健康肤质的第一步，有了健康的肌肤做基底，后续要是再做美白、抗老等其他保养，才更能完整吸收，效果更好。许多话题成分如胶原蛋白、玻尿酸、Q10等，是Genie选购时的最爱。

也想当白雪公主

即使拥有令人羡慕的阳光肤色，如果可以，Genie也希望能拥有白皙肌肤。因为拍戏常有外景，所以除了一定要勤快地擦防晒霜外，Genie平时也爱敷面膜来急救疲惫与晒后的肌肤。

化妆品 实用最重要

打开Genie的可爱化妆包，会发现里面也有不少开架商品的踪影呢！Genie认为彩妆保养品以实用并适合自己最重要，她并不会追求华丽的包装或者追随广告购买，勇于尝试的她，经常能在开架品牌或者一些韩系品牌中挖到宝，真的是好用又实惠哦！

Part1
中国台湾地区
药妆店 颁奖典礼!
年度排行榜TOP5
最热销，最具专柜实力的
开架+医学美容保养品
洗颜 卸妆
眼霜 乳液
护唇 面膜
化妆水 日晚霜
精华液 防晒隔离
有效对抗青春痘
MENTHOLATUM
MENTHOLATUM
Acnes
MEDICATED CREAMY WASH
藥用 抗痘洗面乳
保濕成分 維他命 C
抗氧化 維他命 E
抗菌·舒緩·清潔多餘皮脂
完全洗淨
青春痘形成因素
低刺激性
NEUTROGENA
Pore Refinir
TONER
Alpha and Beta
Hydroxy Formula
Neturogena
FOR
BEL+VED
ONE
寵愛之名 防曬隔離霜
Melasleep System
Sunscreen Protection
SPF30 PA+++
Moist24™
30ml
バラ
玫瑰玻尿酸眼霜
Eye Cream
ROSE
SOUTH

走进药妆店，琳琅满目的开架商品让你不知从何下手吗？想知道哪些是最HOT的热卖口碑品吗？再也不必害羞地问店员啦！

开架药妆两大龙头：屈臣氏+康是美年度TOP5产品大解析以及番外篇：编辑部特别推荐潜力新商品，让你一次看个过瘾！还有贴心的保养小教室，教会你更正确有效地使用产品，买贵了不如用对了！

屈臣氏洗颜部门

年度畅销TOP5强品

深层清洁、控油抗痘的洗颜品，是热门首选！

NO.1 曼秀雷敦

ACNES药用抗痘洗面乳
(100g)

能洗净脸部多余皮脂、阻塞毛孔的污垢及黑头粉刺，有抗菌效果并舒缓痘痘肌肤的不适，预防青春痘，还有淡淡的柑橘香味，适合夏日天天使用。

战力分析：

美白力 控油力 抗老力 洗净力 清爽力 保湿力

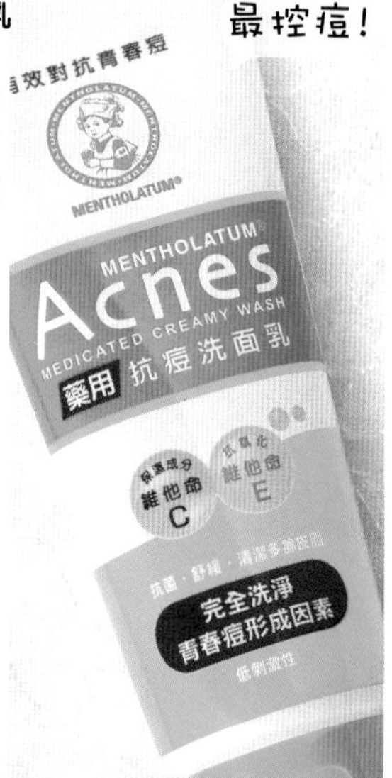

NO.2 露得清

男性深层去油洗面乳
(100g)

专为亚洲男性设计，含丰富泡沫的油脂洁净配方，能轻松带走毛孔内外的油脂并预防痘痘生成，还有舒爽的男性香味，带给男性极净畅快的洗颜新感受，想要挑选效果强的洗颜品，这款准没错。

战力分析：

美白力 控油力 抗老力 洗净力 清爽力 保湿力

男用NO.1

NO.3 蒂芬妮亚

抗痘美人面疱洁面乳
(150ml)

独特起泡性乳液，温和洁净，洗后不刺激不紧绷，清洁、抗菌、滋润三效合一，针对面疱肤质提供适当保湿效果而不过度滋润，使肌肤不会因为太干燥反而导致出油更旺盛。

战力分析：

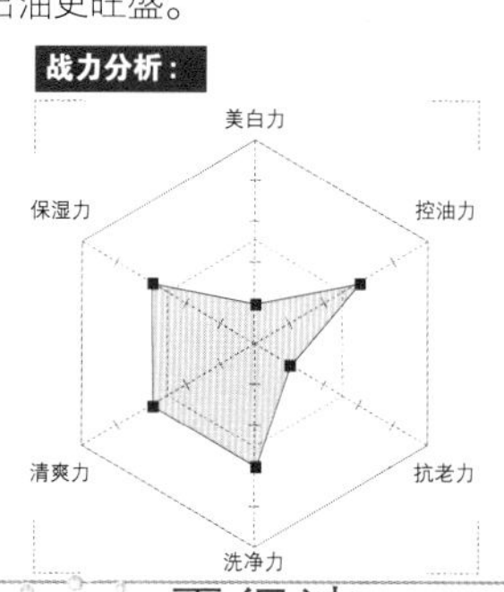

NO.4 碧柔

柔珠深层洗面乳
(100g)

含日本新的保湿化妆水成分，能维持肌肤的含水量，达到补水锁水的保湿效果，洗后肌肤水嫩不干涩，绵密的泡沫与柔珠设计，洗颜按摩同时还能温和去角质，让肌肤更显光滑透亮。

战力分析：

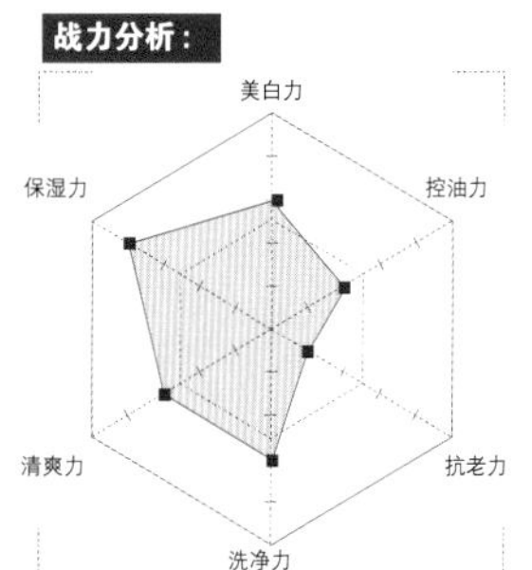

NO.5 露得清

深层净化洗面乳
(100g)

能深层清洁，去除阻塞毛孔的油脂、污垢及老化角质，洗脸同时净化肌肤，使肤况恢复透明感；长效控油效果，洗后清爽舒适，带给肌肤不泛油光的清新感受。

战力分析：

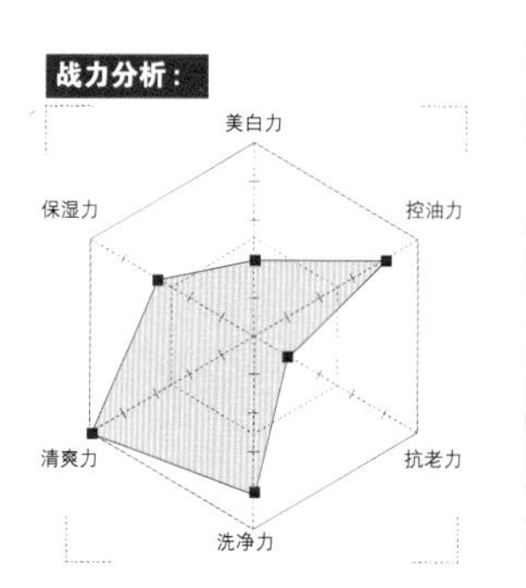

康是美
洗颜部门
年度畅销 TOP5 强品

保湿型的洗颜品在康是美热卖强强滚！

NO.1 JUJU 透明质酸保湿泡洗颜
(150ml)

一按压即出现丰富细致的泡沫，不需再搓揉泡沫，既省时又便利，透明质酸配方洗后滋润舒适，能长时间维持保湿效果，这款不但在日本畅销热卖，一进台湾即冲上冠军宝座。

战力分析：

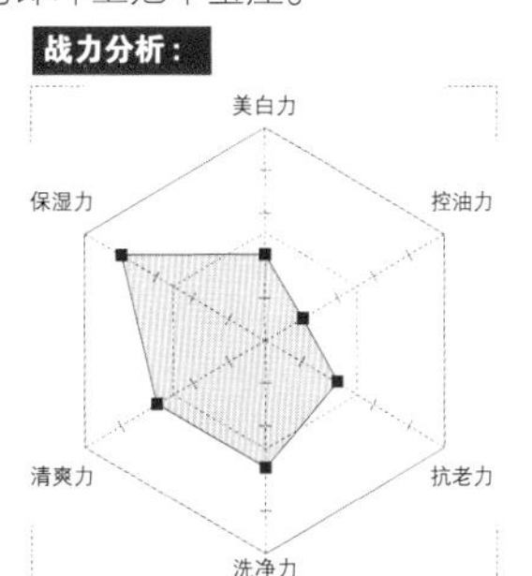

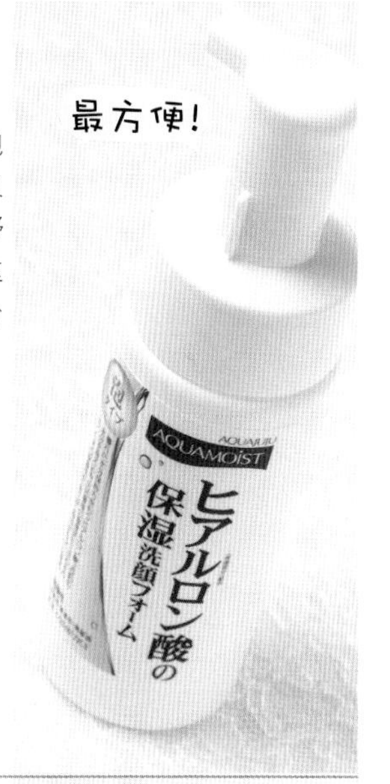

NO.2 JUJU 透明质酸保湿洗面乳
(120g)

含透明质酸的丰富浓润泡沫，洗净同时锁住水分，洗后肌肤呈现光滑透亮触感；不添加酒精、香料、色素、矿物油，不会增加肌肤负担，敏感肌肤亦适用。

战力分析：

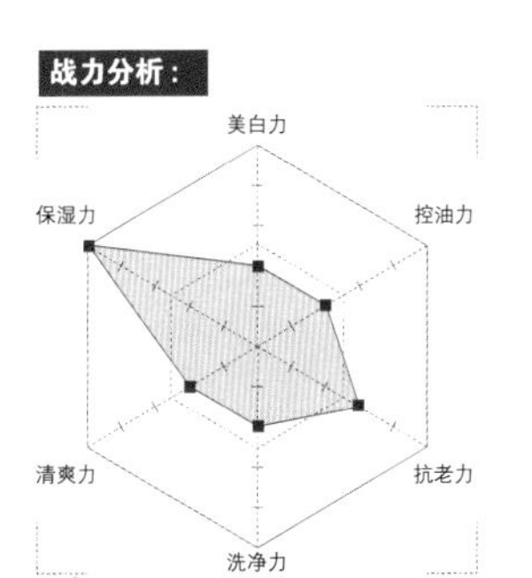

NO.3 Perfect 超微米洁颜乳
(120g)

泡沫最细致，能够深入毛孔，温和吸附并去除脏污，不伤害肌肤。采用保水氨基酸诱导体，使泡沫带有充沛的水分，让洗后的肌肤滋润有弹性，天天使用还能帮助调整肌肤纹理。

战力分析：

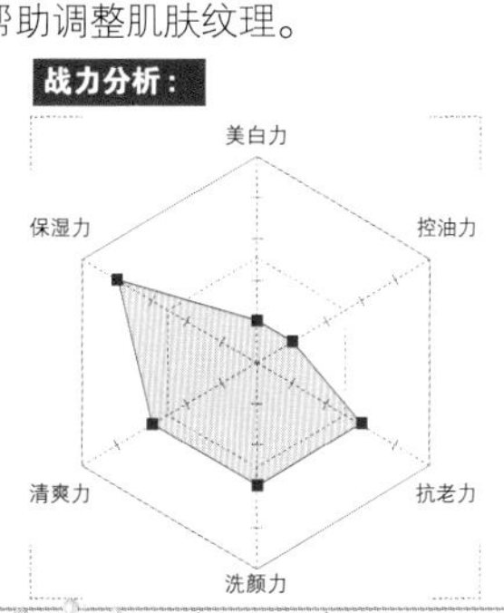

NO.4 曼秀雷敦 ACNES 药用抗痘洗面乳
(100g)

战力分析：

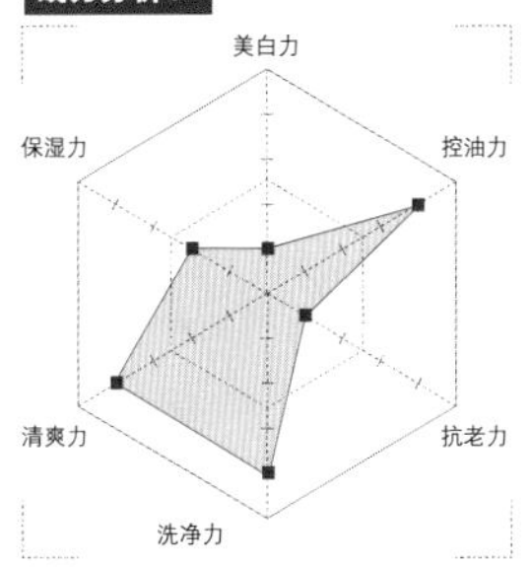

最控痘！

NO.5 广源良 氨基酸涵水焕白洁颜粉
(50g)

维生素醣苷的细小分子结构，在洗颜的同时释放维生素C让肌肤持续嫩白。粉末质地仅需微量加水轻轻搓揉即能产生丰富绵密泡泡，氨基酸成分能保湿并有效清洁毛孔，预防粉刺。

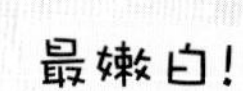

战力分析：

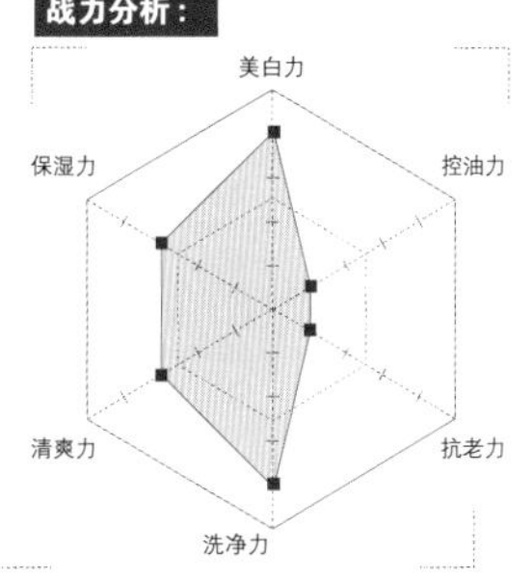

Check! 洗颜产品怎么选?

挑选正确的洗颜品可以让肌肤拥有健康的基底，有利于后续保养工作，因此，要先了解自己是属于哪一种肤质，再选择合适的类别与剂型。

此外，不建议一年到头都用同一款洗颜品，因为每个人肌肤状况会随着季节改变，因此要针对肌肤状况变换适合的洗颜品，如夏天出油较旺盛，可选择清爽型；冬天肌肤容易干燥，就改用较滋润的。

肤质	类型	剂型
干性肌肤	保湿滋润型、中性温和型、不含皂碱型	霜状、乳状、露状、液状
油性肌肤	深层清洁型、控油型、去角质型、清爽型	凝状、摩丝、泡沫、冻状、皂状、泥状
混合肌肤	深层清洁型、保湿控油型、去角质型	乳状、凝胶、摩丝、泡沫、冻状
暗沉肌肤	美白型、去角质型	乳状、颗粒、柔珠、粉末、凝胶
敏感肌肤	不含皂碱型、保湿舒缓型、中性温和型、免水洗型	露状、液状、乳状、霜状
痘痘肌肤	控痘控油型、抗菌型、舒缓型	摩丝、泡沫、凝胶、皂状

保养小教室

每个人每一天都要洗脸，这是一件再普通不过的事，但也却最容易被忽略或做错。适度且正确地洗脸，不但是保养的第一步，更是健康肌肤的关键哦！你还在疑惑为什么已经努力擦保养品了，肌肤状况还是没有太大改善？先来检视一下你的洗脸基本功吧！

正确洗颜知多少？

水温

洗脸的水温，以常温最适宜，也就是微温偏凉的水，效果最佳。用太冷的水毛孔无法张开释出脏污；太热的水会带走过多皮脂与水分，使脸部干燥紧绷容易老化，或是导致出油更旺盛。

顺序

洗脸前一定要先将双手洗干净，在洗头、洗澡的时候，应该要最后做洗脸工作，让沐浴时的热气帮助脸部毛孔张开，加快代谢速度与洗脸时油脂与脏污排出，也把洗头与沐浴过程中难免沾染的护发沐浴品一并洗净，这样才能达到彻底清洁。

次数

正常洗脸次数一天两次最适宜，若是属于极油性肌肤，才需追加中午一次。过于频繁的清洁会破坏正常的皮脂分泌，反而使肤况不稳定。

其他参考原则：夏天多洗，冬天少洗；油性肤质多洗，中干性肌肤则少洗；在外时间长则要多洗，长时间待冷气房即可少洗。

工具

洗脸最好的工具就是双手了，没有任何洗脸辅助工具的材质比双手更接近肌肤纹理，除非是暴露于脏污环境太久，或是有额外去角质需求，再使用洗颜刷、洗颜巾或洗颜海绵。

另外，擦脸时使用毛巾而少用面纸，避免面纸屑残留在脸上造成毛孔阻塞。

毛巾则要选用材质柔软细致、吸水力强、易风干的毛巾，才不会伤害肌肤或滋生细菌，只要你感觉毛巾变干硬不柔软了，就该换新的！

Step by Step!

这样洗才干净！

Step1 搓出泡沫

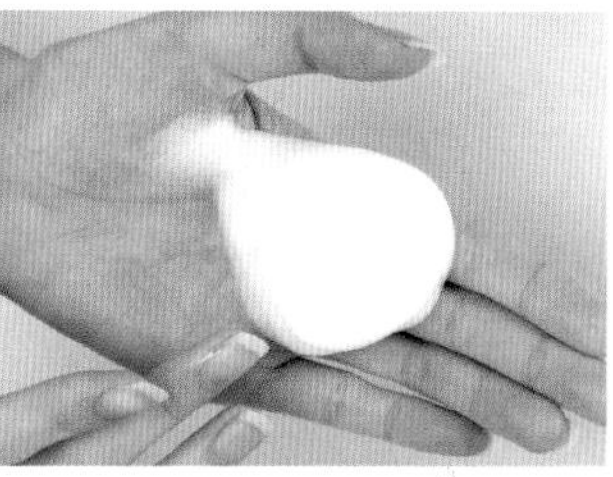

洗净双手后，先将洗面乳挤在手掌中，加水充分搓揉出丰富泡沫，不可将洗颜品直接涂抹到脸上。

Step2 分区涂上

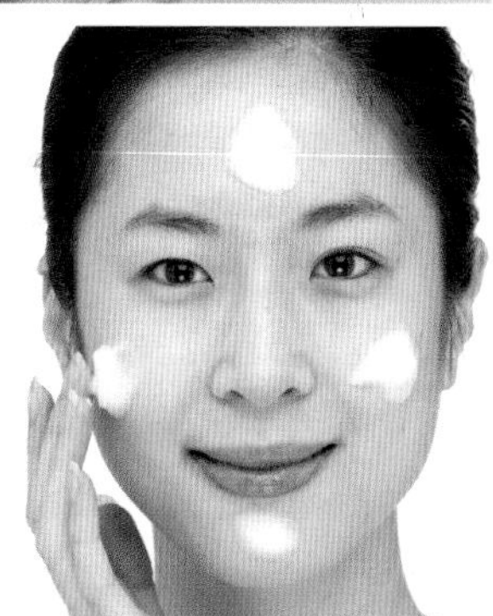

将泡沫先沾点于额头、下巴、两颊、鼻头等部位，分区涂抹于脸上。

Step3 画圈按摩

推开泡沫均匀覆盖整个脸部，由上而下由内向外以画圈方式温和搓揉按摩全脸 3~4 次。

Step4 加强T字

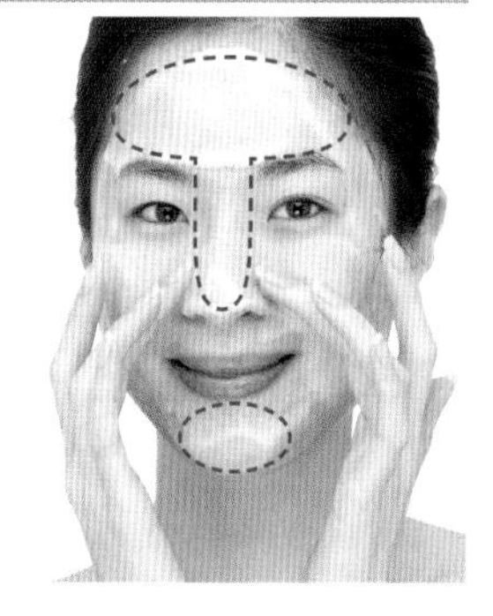

T 字部位额头、鼻子、下巴等部位，皮脂分泌较旺盛，因此要加强仔细地多次按摩清洁。

Step5 一冲再冲

再好的洗颜品都不该留在脸上，清洗时要反复多冲几遍，将洗颜品和污垢一起彻底冲洗干净。

Step6 轻压擦干

以毛巾轻柔地按压擦干全脸，避免太过用力的搓揉摩擦。否则容易伤害肌肤，导致肌肤干燥、敏感，甚至产生细纹。

洗颜部门 Take a look!

潜力新品

亚洲女性大多偏混合性肌肤，最适合控油兼适度保湿的洗颜品，而这类商品也成为药妆店里的常胜军。

此外，还要注意空气中的脏污堵塞毛孔，因此深层清洁的商品也是热门首选。另外美白是永远不败的话题，能兼具嫩白的洗颜品也从不会在排行榜中缺席!

一起来看看有哪些优秀的洗颜新品吧!

可伶可俐 (150 ml)

药用清痘泡沫摩丝

推荐给油性及痘痘肌肤使用，泡沫摩丝状洗起来很舒服，茶树精华抗菌效果优，能彻底洗净多余油脂，还能留住肌肤水分，洗完感觉很保湿不干涩，淡淡的自然芳香在洗脸同时还能达到舒缓效果。

好舒缓!

Burt's Bees (170g)

洋甘菊深层洁净洗颜乳

含天然的芦荟、皂皮树萃取及温和的天然洁净成分，可以深层洁净残妆及污垢，避免空气中脏污堵塞毛孔，并且保湿、柔软脸部肌肤；洋甘菊、紫椎花萃取可舒缓敏感、紧致毛孔，洗后肌肤感觉清爽无负担。

很天然!

雅漾 (200ml)

清爽洁肤凝胶

青春痘或敏感面疱肌肤适用的清洁品，改良后的第二代，质感更优，含活泉水、葡萄糖酸锌、南瓜素等成分，能温和深层清洁脸部并抑菌，减少面疱发炎问题。帮助调节油脂分泌，不含皂性，洗后保湿不紧绷。

痘痘用!

pdc pure natural (210ml)

玻尿酸活力泡泡洁颜摩丝

洗脸加卸妆，双效合一的功能，贴心的起泡设计，只要轻轻按压，即能享受松软绵密泡泡在脸上滑动的温柔触感，洗脸兼具完美卸妆，一次完成。不论口红、粉底液，都能一次清洁得干干净净!

保湿优!

Dr.Wu (150 ml)

VC美白低敏洁颜露

适合想更透白的敏感肌肤使用，含高度安定美白成分与桑白皮萃取，可抑制黑色素形成及抗氧化，长效嫩白并保湿肌肤。氨基酸低敏配方，温和洗净不刺激；天然木瓜蛋白酵素，能促进血液循环改善肌肤，洗后皮肤更加健康、明亮净透。

最嫩白!

广源良 (50g)

山苦瓜极净泡泡洁颜粉

承接老字号的战痘，推出全新山苦瓜系列，搭配弯弯的可爱插画，很受年轻族群喜爱。这款洁颜粉利用天然植物成分洁净收敛的特性，清洁同时紧致毛孔、舒缓肌肤并利用微量元素氧化铁，帮助油性肌肤控制油脂分泌，预防面疱。

超可爱!

屈臣氏 卸妆部门

年度畅销 TOP5 强品

洁净力是最重点考量，兼具清爽是消费者最爱！

NO.1 碧柔 深层卸妆棉－补充包 (46片)

纯棉触感柔细，含液体卸妆成分，质地温和不刺激，能对应所有类型的睫毛膏，还能彻底溶出毛孔中的粉底，卸妆轻松快速，任何时间任何地点，只要一片，卸妆洁肤一次完成，使用便利！

战力分析：

美白力
控油力
抗老力
洗净力
清爽力
保湿力

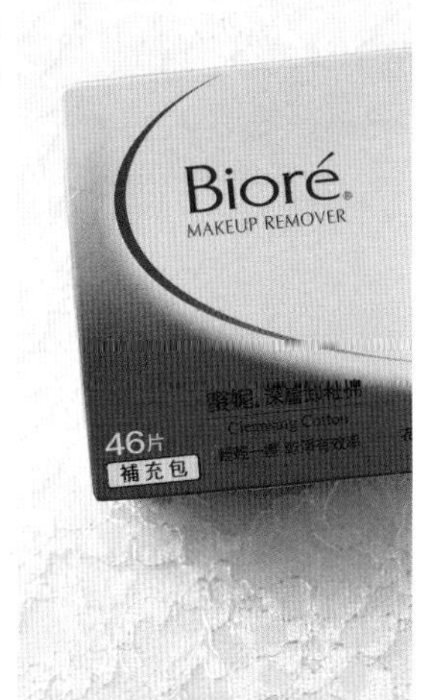

NO.2 碧柔 深层卸妆油 (150ml)

这款手湿时也可以卸妆，能深入毛孔，快速溶出多层次上妆的粉底、遮瑕膏与隔离霜，防水型睫毛膏也难不倒，毛孔肌纹深处也干净，好卸好冲，淡淡水果香，让卸完妆的脸庞散发清新香气。

战力分析：

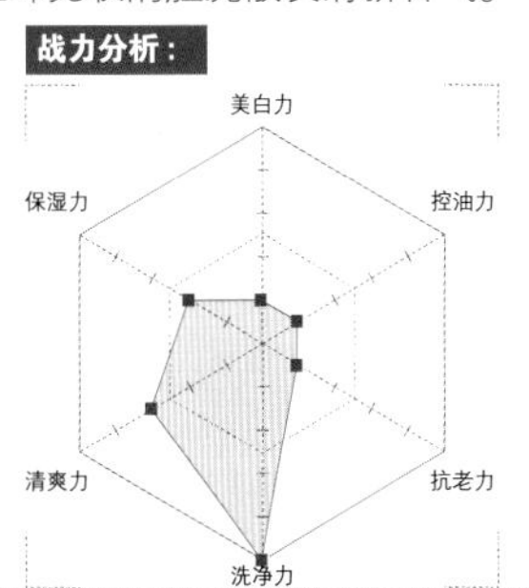

NO.3 碧柔 深层卸妆乳 (180ml)

水洗式的卸妆，能深入毛孔溶出持久性彩妆及污垢，清爽的透气感从按摩卸妆一直持续到卸妆后，带给肌肤水嫩不紧绷的舒适感。亲肤性弱酸卸妆配方，温和不刺激，卸妆同时洗脸，方便无负担。

战力分析：

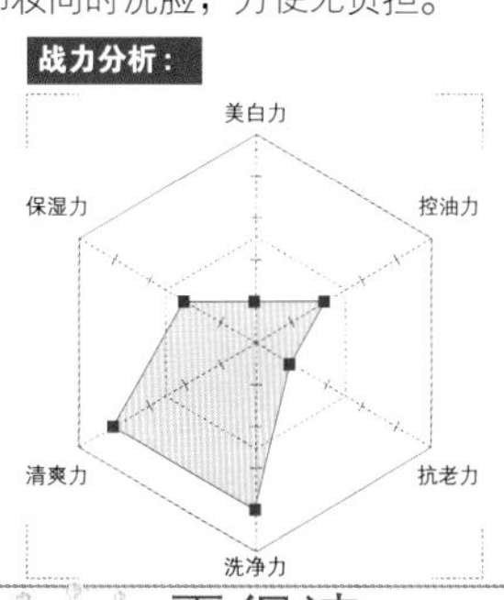

NO.4 旁氏 深层净颜卸妆油 (175ml)

结合棉花籽油、葡萄籽油、玫瑰果油三种天然植物油成分，能彻底卸除浓妆且香气宜人，能完全冲净不留油分，带走使肌肤暗沉的油脂与污垢，没有油腻感与刺激感，还具有适度的保湿效果。

战力分析：

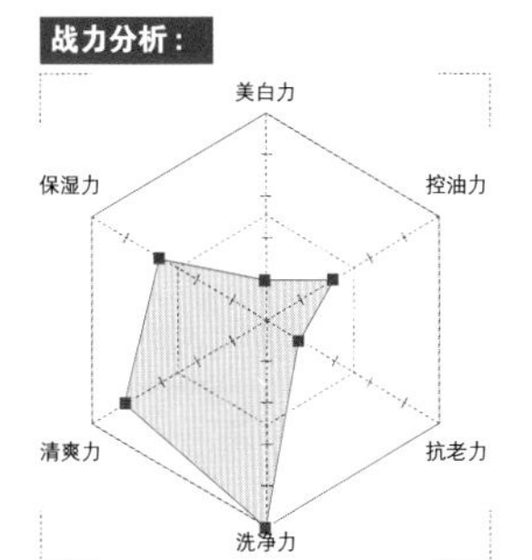

NO.5 露得清 深层卸妆乳 (200ml)

温和不刺激，适合各种肌肤，敏感性的眼睛和佩戴隐型眼镜者也适用，搭配按摩能彻底卸除全脸与眼部彩妆，防水性彩妆也好卸，长效保湿效果，卸妆后肌肤不会感觉干涩紧绷。

战力分析：

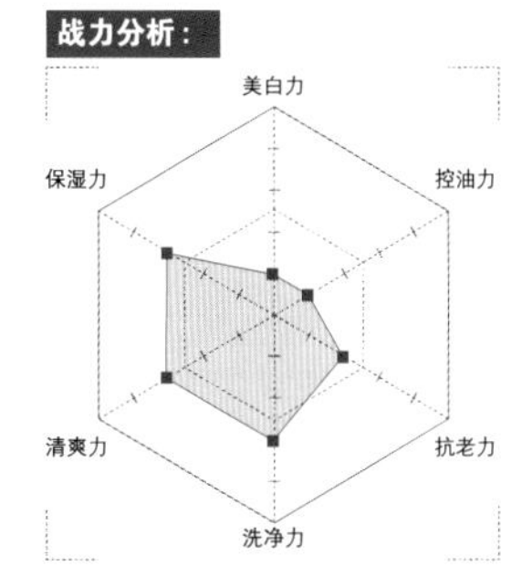

康是美
卸妆部门
年度畅销TOP5强品

保湿性强的卸妆品，让卸妆也是一种保养与享受！

Perfect
NO.1 超微米新透感卸妆油
(150ml)

属于低黏度的清爽型卸妆油，能快速溶出彩妆，使用时可针对毛孔粉刺部位，做重点式的按摩，能帮助溶出粉刺，鼻头干干净净。含保水氨基酸诱导体，润泽卸妆后的肌肤不干燥。

战力分析：

JUJU
NO.2 透明质酸保湿卸妆霜
(180g)

如鲜奶油般的浓稠乳霜状，轻易溶解彩妆与毛孔污垢，含高效保湿的透明质酸，锁住水分让卸后肌肤水嫩光滑。卸除彩妆后再当按摩霜使用一次，二次按摩能让肌肤彻底清洁，更细致有弹性。

战力分析：

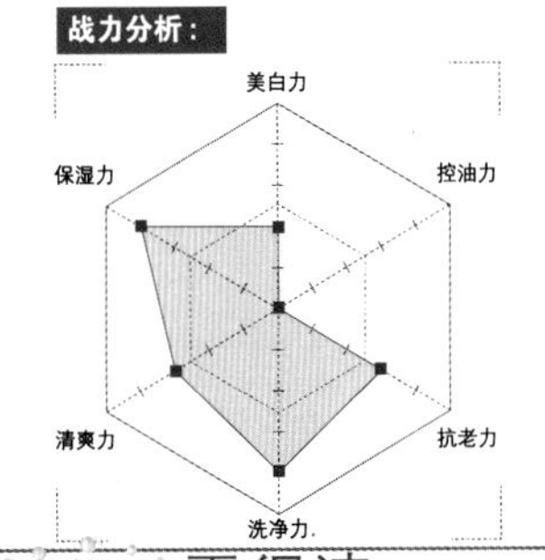

碧柔
NO.3 深层卸妆乳
(180ml)

年度进榜！贺 双料优良品！

战力分析：

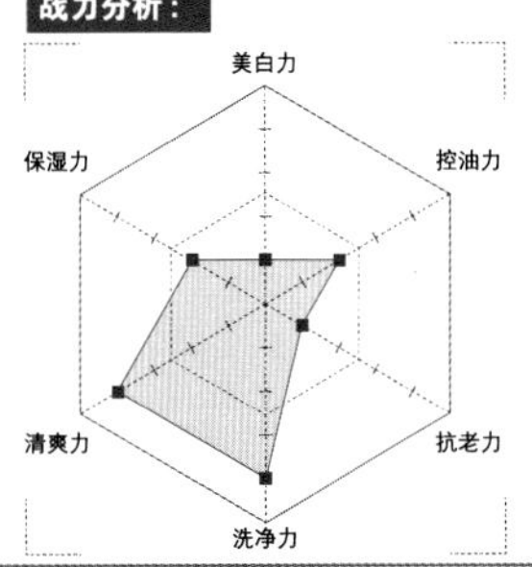

露得清
NO.4 深层卸妆乳
(200ml)

年度进榜！贺 双料优良品！

战力分析：

JUJU
NO.5 透明质酸保湿卸妆液
(200ml)

清透的水状质地，使用化妆棉轻轻按摩擦拭，即可卸除彩妆，毛孔内的彩妆污垢也能轻易瓦解。可全脸卸妆或当眼唇卸妆液使用，高效保湿但用起来却十分清爽，适合中油性或敏感肌肤使用。

战力分析：

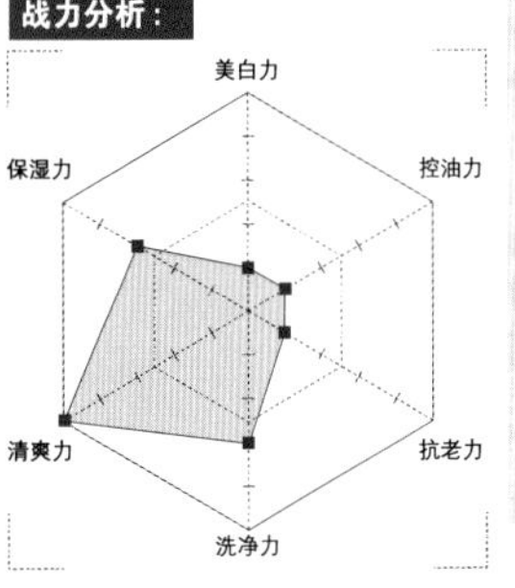

保养小教室

妆卸得不够干净，残留的油脂、彩妆、脏污容易阻塞毛孔，导致发炎、痘痘产生，甚至造成肌肤提早老化、暗沉。

卸妆也是一门大学问，必须针对浓淡妆程度不同做改变，依肤质挑选适合的产品也很重要，到底怎么选、怎么用最正确？现在就带你一探究竟!

浓淡妆卸法大不同

浓妆卸法

彩妆愈是浓重，愈需要油脂比例高的卸妆产品来清除，顺序上先将色彩最重的眼妆和唇彩彻底卸除，因为嘴唇和眼周肌肤是全脸最薄、最敏感干燥的区域，容易长出细纹，也容易引起色素沉淀。

因此，睫毛膏、眼影、眼线、口红必须彻底卸除，尤其是选用防水型眼妆或持久型口红者，卸妆油和眼唇专用卸妆液是较优的选择。接着再用卸妆乳或卸妆霜，并轻柔按摩全脸，从而卸除全脸粉底与彩妆。

淡妆卸法

如果只上薄薄的底妆或防水抗汗的防晒隔离商品，用一般卸妆产品完整清洁即可，或是使用能卸除淡妆的洗面乳。如果是在高油污的环境下工作，那么即使没有上妆，也要多一道卸妆的程序，以彻底洁净毛孔脏污。

基础原则

- 依个人肤质或季节不同，挑选适合的卸妆产品类型。
- 勿让卸妆产品停留在脸上太久，3分钟以内洗净最优。
- 卸完后以大量的清水冲洗干净，避免残妆与污垢残留。
- 卸妆油、卸妆霜等较油产品，卸完后以洗颜产品再次洗脸。
- 眼角、眼尾、发际、鼻头、鼻翼、下巴等部位，加强卸净。
- 以按摩或擦拭方法卸妆时，力道要轻柔，不要用力摩擦。
- 卸妆品使用一定要足量，这样才能完整卸妆并避免太干的摩擦伤害。

Check!

卸妆产品 怎么选？怎么用？

卸妆油

溶解彩妆最彻底快速，是卸妆油的最大优点，适合浓妆使用；此外，卸妆油因搭配按摩故有溶出粉刺污垢的特性，也很适合毛孔粗大、粉刺肌肤，但切记一定要冲净，并最好再用洗面乳洗一次脸，避免因没有彻底洗净，反而带来痘痘以及肤色暗沉的反效果。

卸妆凝胶

卸妆凝胶，采用比卸妆油更清爽的凝胶质地，可以算是卸妆油的改良版，让卸妆感觉更加舒爽，较适合偏油性肌肤，或是在夏季使用也很轻盈无负担。

卸妆霜

卸妆霜的使用须辅以较长时间的按摩，慢慢将脸上的彩妆溶解，但注意力道要轻柔，才不会产生细纹。霜状卸妆产品质地较为丰厚滋润，非常适合干性或熟龄肌肤使用，不会过度带走肌肤皮脂与水分，借由缓缓地按摩，也能促进肌肤新陈代谢与活性。

卸妆乳

乳液状卸妆品，适合中干性或敏感性肌肤，用法和卸妆霜相似，但质地比卸妆霜和卸妆油都来得清爽许多，较容易在脸上推涂。想要兼具滋润但又不希望过于油腻厚重，卸妆乳是不错的选择。

卸妆摩丝

卸妆摩丝是最清爽的卸妆方式，使用上也很便利，压出来就是丰富细致的泡沫状，能温和带走脸上的彩妆与多余油脂，帮助肌肤调理油水平衡，适合偏油性或痘痘肌肤使用。

卸妆液

卸妆液的使用方法须倒在化妆棉上以擦拭方法卸妆，又分成不需冲净的卸妆水类型，或是油水分离的卸妆液类型。

卸妆水清爽无负担，可以避开按摩推涂造成的不适感，适合敏感和痘痘肌肤；油水分离的卸妆液通常适用于眼唇彩妆较重的部位加强清洁使用，可以轻松卸除防水睫毛膏、眼影、口红等特定部位彩妆。

卸妆棉布

卸妆棉布在设计上最大的优点就是方便好携带，不必冲洗能快速卸妆，适合外出或旅行时使用。但因其针对于油质污垢及毛孔中的脏污，清洁效果较差，加上摩擦皮肤容易引起刺激，较不适合敏感肌肤或一般肌肤长期使用。

Step by Step!

眼部卸妆最重要！

Step1

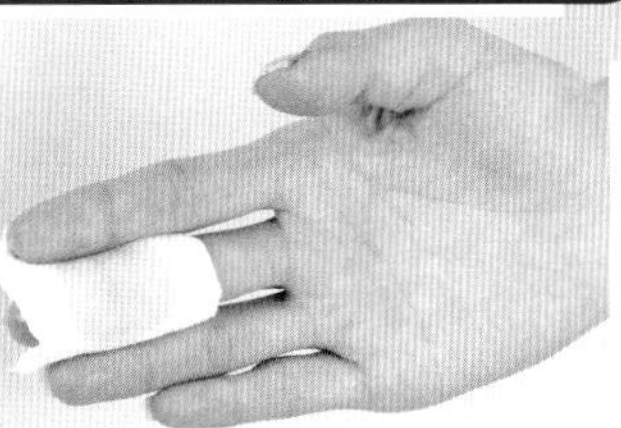

足量卸妆液

以化妆棉沾取眼唇卸妆液，要让卸妆液湿润整个化妆棉体的量才足够。

Step2

轻柔敷压

闭上眼睛，一手稍微拉提眼皮，一手将湿润的化妆棉覆盖敷压在眼上约10秒，彻底溶解眼影、睫毛膏。

Step3

折角按压

接着用化妆棉的另一面，折起约30°角，眼睛微张，分别轻轻按压住上下眼睫毛，待完整溶解后轻轻拭除。

Step4

卸除残留

棉花棒沾一点卸妆液沿睫毛根部至毛尾来回轻擦，彻底卸除眼线与睫毛上残妆。

Step5

眼角清洁

再用另一头干净的棉花棒沾取卸妆液，加强眼角与眼尾容易卡污的死角处轻轻擦拭，让污垢溶出。

卸妆部门 Take a look!

潜力新品

优秀的卸妆品，要能完整干净地卸除彩妆污垢，降低对肌肤的伤害进而提供肌肤卸妆时与卸妆后的舒适感。

通常卸妆棉较便利，卸妆油较干净，卸妆霜较滋润，卸妆液较清爽；另外，越来越多多功能的卸妆品，兼具清洁力，能当化妆水、保湿乳，同时可按摩，能代谢粉刺等等，消费者有福了！

Kose (180ml)

高丝媚影 超洁净嫩肤卸妆液

不需用水冲洗，只要用化妆棉就能轻易擦掉彩妆，办公室或外出卸妆、补妆都很方便，乳液状的质地与保湿护肤成分，能让肌肤维持滋润柔软的舒适状态，最适合干燥肌肤使用。

超便利！

LIPOBEAUTE (145g)

Q10 活力卸妆霜

高保湿的成分与 Q10 成分配合，卸妆按摩的同时，增加肌肤的活性与代谢力，恢复紧致弹性，卸妆后的肌肤不干燥且看起来更加年轻光彩。延展性极佳，丰润滑顺的质地，适合干性肌肤或熟龄肌肤使用。

兼抗老！

玛奇亚米 (150g)

全效泡沫卸妆油

质地优！

不油腻的泡沫卸妆质地，泡沫推开即变成柔润的卸妆油，微细分子与抗菌配方，能深入毛孔，扫除彩妆、污垢与细菌，果酸与维生素 A 成分，能清除毛孔脂质与老化角质，预防粉刺生成。

贝德玛 (250ml)

舒妍 高效洁肤液

四效合一！

这款因达人推荐而超人气！保湿与舒缓效果极佳，可当清洁、卸妆、化妆水及保湿乳液使用，是敏感性肤质的卸妆首选，眼部也适用。第一次使用可卸除彩妆与脏污，第二次使用即作为化妆水与保湿乳。

Kanebo (250g)

肤蕊卸妆 按摩霜

卸妆+按摩！

添加柔软按摩粒子，能将彩妆、毛孔内的污垢及造成肌肤暗沉的老化角质清除干净，卸妆按摩一次完成，按摩的效果能促进血液循环，提升代谢力，让卸妆也成为一种愉悦的享受，更让洗后肌肤水嫩透明且滋润有光泽。

Perfect (150ml)

超微米 新透感卸妆液

极清爽！

像清水一般极清透清爽的无油舒适感，可全脸卸妆也可当眼部卸妆液使用，连防水睫毛膏也能轻松卸除，能快速冲净且温和不刺激，没有油腻腻的感觉，可减少冒痘。

屈臣氏
化妆水部门
年度畅销TOP5强品

具收缩紧致毛孔效果与温和去角质型的化妆水，万年畅销不败！

NO.1 露得清
毛孔细致化妆水
(200ml)

独特天然草本植物精华能调理油脂分泌，舒缓肌肤，维持天然保水度，AHA与BHA成分帮助调理清洁并紧缩毛孔，不含酒精不刺激。适合混合性、油性肌肤或毛孔粗大、粉刺等问题肌肤使用。

战力分析：

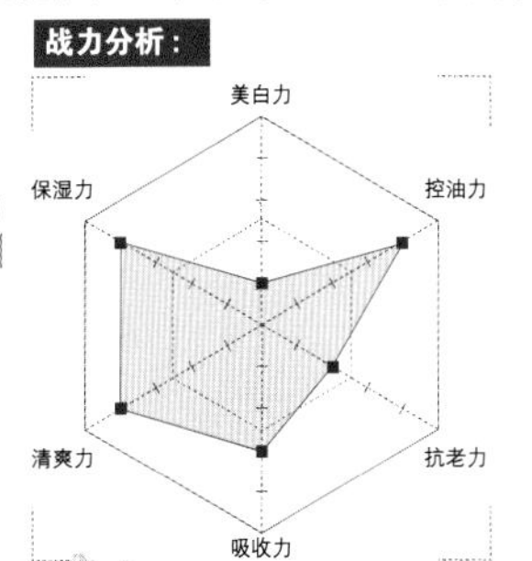

NO.2 OLAY
去角质活肤化妆水
(200ml)

含BHA柔肤酸与滋润成分，能帮助每日温和去除肌肤表面的暗沉与老化角质细胞，加速肌肤自然新陈代谢，调理并补充水分，可帮助后续护肤产品更好吸收，立即呈现年轻肌肤的光泽感。

战力分析：

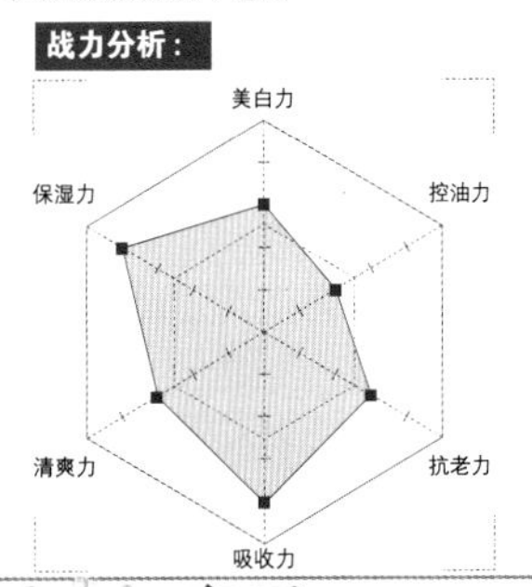

NO.3 蒂芬妮亚
海洋深层矿泉保湿化妆水
(180ml)

屈臣氏相当热卖的自有品牌，来自海洋深层矿泉的保湿成分，让使用后的肌肤像瞬间吸收大量水分般，帮助镇定疲劳肌肤并具保护作用，拍打后感觉比一般化妆水更水润与清爽、舒适。

战力分析：

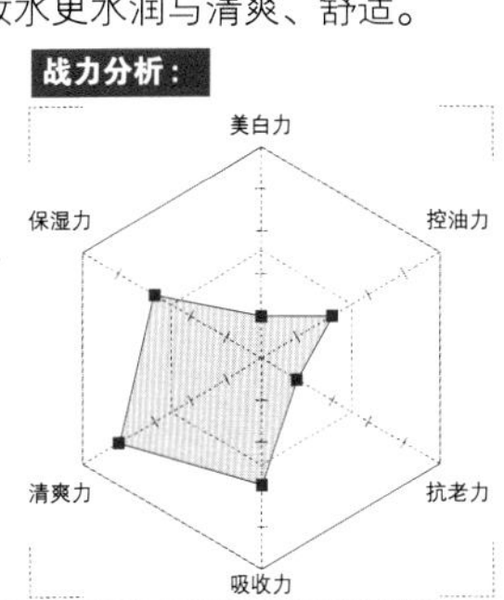

NO.4 旁氏
岁月奇迹活肤化妆水
(150ml)

维生素C、微胶原、小黄瓜萃取精华等成分，拍打后能迅速被肌肤吸收并保水，紧致毛孔且轻柔带走老化角质，让肌肤瞬间水嫩透亮，还能帮助改善细纹皱纹，适合熟龄肌肤使用。

战力分析：

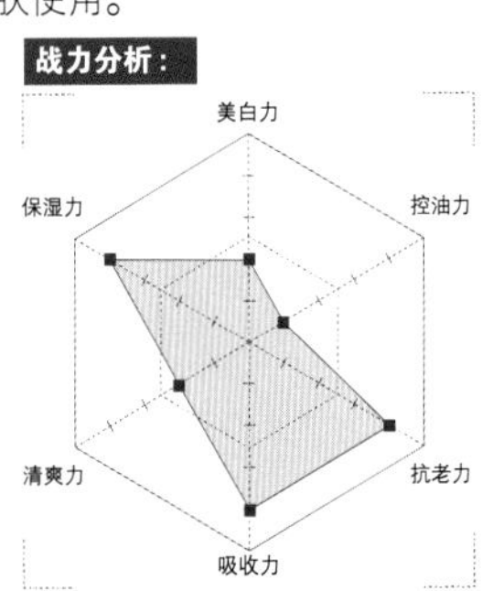

NO.5 可伶可俐
柔肤化妆水
(125ml)

含水杨酸能收敛毛孔、控制出油并预防青春痘生成，配方温和不刺激，让肌肤保持极佳的舒适度与柔嫩感，使用起来清爽无负担，能快速吸收，适合年轻肌肤使用。

战力分析：

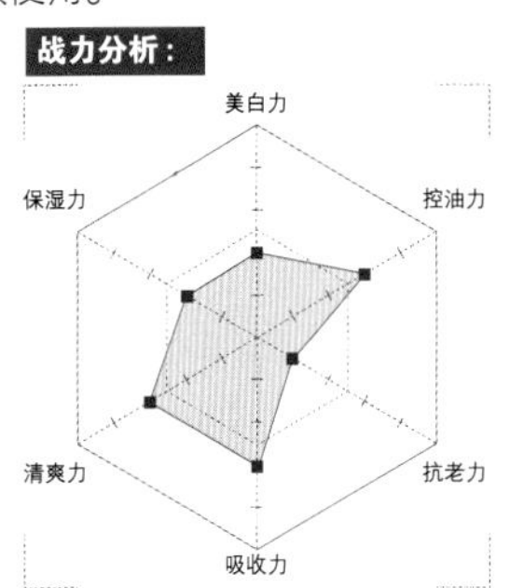

康是美
化妆水部门
年度畅销TOP5强品

保湿及舒缓效果佳的矿泉喷雾式化妆水，大受欢迎！

NO.1 evian
依云养护肤矿泉喷雾
(400ml)

多种矿物质成分，兼具清洁、保湿与醒肤功效，能随时补充皮肤水分并清洁脸部的油垢与灰尘，夏日使用尤其舒缓清凉，轻轻一喷即能补充因日晒或在冷气房流失的水分。

战力分析：

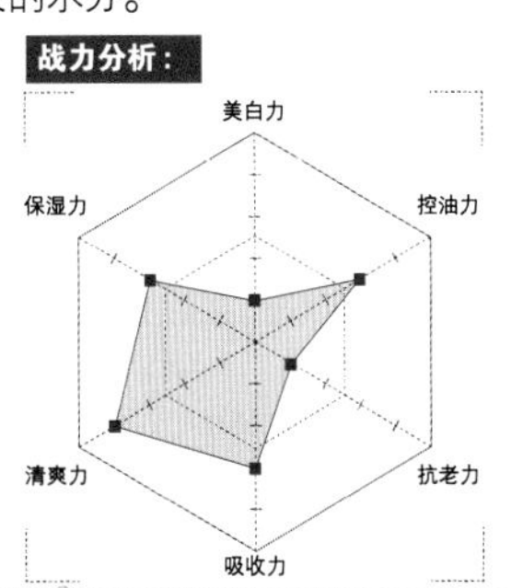

最经济！

NO.2 JUJU
透明质酸保湿化妆水
(150ml)

质地水润清透，轻拍就能非常快速地吸收，清爽感十足却也拥有绝佳的保湿滋润感，透明质酸成分保水效果持久，弱酸性且不添加色素香料，使用起来温和无负担。

战力分析：

美白力 控油力 抗老力 吸收力 清爽力 保湿力

最滋润！

NO.3 Avene
雅漾舒护活泉水
(300ml)

丰富矿物质与微量元素，能舒缓、镇定、抑制肌肤干痒与刺痛感，改善过敏症状并兼具化妆水的保湿滋润，敏感问题肌肤可用。可用于日晒后护理、除毛后或痘痘镇静修护，还可做定妆之用。

战力分析：

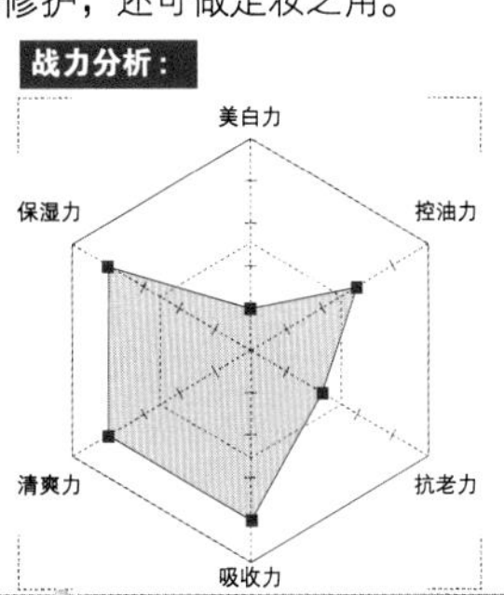

多功能！

NO.4 URIAGE
优丽雅含氧细胞露
(300ml)

来自法国的天然活泉水，等渗透压能让肌肤达到最优的吸收效果，甚至用于眼周也能喷出舒适感，拥有舒缓镇静、保湿滋养及抗自由基等三大特性。能均匀滋润全脸完全渗透吸收。

战力分析：

美白力 控油力 抗老力 吸收力 清爽力 保湿力

好吸收！

URIAGE EAU THERMALE D'URIAGE Peaux sensibles

NO.5 NOV
娜芙海洋深层水
(150g)

5000公尺以上无污染的深海矿泉萃取，能赋予干燥肌极佳的保湿滋润，弱酸性不破坏肌肤保护膜，打造健康低敏肤质。干燥、老化、缺水、敏感、痘痘肌肤都适用。

战力分析：

美白力 控油力 抗老力 吸收力 清爽力 保湿力

最抗敏！

保养小教室

化妆水的功用

一直以来有很多消费者认为，化妆水是保养产品中可以省略的非必需品，但其实只要选对符合自身需求的产品且用对方法，化妆水也可以小兵立大功，发挥优秀的保养功效。

化妆水可以作为洗颜后的二次清洁，带走毛孔脏污，补充因洗脸流失的水分，平衡酸碱值，增强肌肤抵抗力。此外，也达到软化角质，让后续保养品更好渗透吸收的功效。

无酒精的化妆水或是矿泉喷雾型的化妆水刺激性低，适合敏感肌肤，虽然无酒精的化妆水较温和，但并非含酒精的化妆水就一定不好，适量的酒精可以帮助收缩毛孔，还有杀菌的作用。

无论何种化妆水，为了发挥其最大效用，绝对不建议单擦，使用后应续擦乳液、精华液等产品做保湿锁水动作，否则水分蒸发反而带走皮肤表面水分使脸部更干，就失去了化妆水使用的意义。

化妆水种类越来越多，功能不断升级，现在甚至连防晒化妆水都有了。建议在选择化妆水产品时，还是要依自身肤质保养需求决定，对肌肤才有帮助。

常见的化妆水类型，依功能大致可分成以下几种

矿泉喷雾化妆水：

以镇静、舒缓、修护为诉求，清凉的矿泉喷雾使用起来清爽舒服，无刺激性，很适合敏感肌。

面疱化妆水：

设计给面疱痘痘肌肤专用，通常有粉末沉淀在下方，需摇匀使用，能帮助控油、舒缓、消炎并抗菌。

特殊机能化妆水：

具美白、保湿、抗老等功能性高效滋养成分的化妆水。

清洁化妆水：

一般肤质皆适用，帮助毛孔微张，方便清洁毛孔内的污垢，轻柔擦拭能将清洁后残留的脏污与皮屑清除掉。

柔软化妆水：

适用于中性与干性皮肤，可软化角质层，使皮肤柔软、湿润，并可帮助肌肤吸收其他保养品的营养成分。

收敛化妆水：

适用于油性皮肤，通常含微量酒精或植物精华，可有效地收缩毛孔，改善出油与毛孔粗大的现象。

去角质化妆水：

通常含果酸、水杨酸等成分，帮助代谢掉老化角质，油性肌肤、熟龄肌肤、暗沉肌肤适用。

Step by Step!

化妆水这样用!经济又有效!!

化妆水产品搭配化妆棉使用，利用其棉絮的收放效果，比双手拍打更能帮助吸收，且不易滴落造成浪费，选择棉絮较丰厚柔软的，能够吸附更多化妆水释放至肌肤。还可拿来做局部敷脸加强，让保湿成分进入更深层。

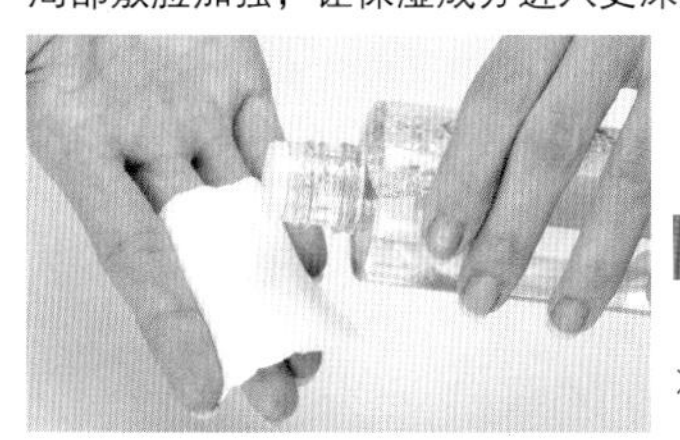

Step1

足量渗透

倒入适量化妆水于化妆棉上，使其均匀渗透。

Step2

两颊拉提轻拍

由嘴角 45° 向上，往两颊均匀轻推拍打，帮助吸收与拉提。

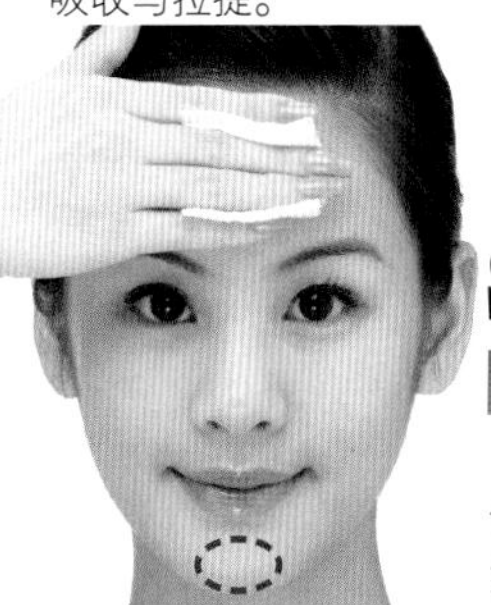

Step3

额头+下巴

额头与下巴因出油较旺盛，稍作调理即可，额头由中间向外两侧轻推擦拭，下巴由下而上轻拍擦拭。

Use It!

材质柔软厚度适中，两侧压合设计不易露出棉絮。

丝花化妆棉(80片)

Step4

鼻头鼻翼加强

鼻头鼻翼毛孔较大粉刺多，容易藏污纳垢，需强调清洁。

Step5

颈部滋润

脖子也别忘了！由下往上拉提擦拭，给予颈部足够的滋润，预防老化细纹。

Plus!

化妆棉湿敷

最后可针对如两颊特别干燥、暗沉或毛孔粗大等部位，加强轻敷 3~5 分钟。

化妆水部门 Take a look!
潜力新品

化妆水是亚洲女性保养柜上少不了的爱用商品，其多功能效果扮演承前启后的重要角色，不仅能用于洗完脸后的二次清洁调理，还能收敛、紧致、镇定肌肤，做好打底工作，可以让后续的保养吸收更加有效。

如果还兼有其他保养功效，如此物超所值，就更令人欣喜了!一起来看看有哪些厉害的化妆水新品吧!

Kanebo (160ml)

肤蕊美白防晒化妆水

化妆水还能防晒与妆前隔离，没听过吧！忙碌的早晨只要这一瓶就 ok，简单又快速就能完成肌肤保养，是一款很方便的日用型化妆水，水凝状触感优，不仅适用于脸部，也适合用于手部、颈部与胸前肌肤的防晒保养哦。

兼防晒!

Dr.wu (100ml)

VC美白高机能化妆水

能抑制黑色素形成并淡化原有黑色素，能提供肌肤立即的舒缓镇定与保湿，使用后感觉舒爽润泽，也帮助后续保养成分更容易吸收，还能提升肌肤紧实度，调理油脂分泌，让肌肤更加清透明亮。

最嫩白!

圣活泉 (200ml)

保湿化妆水

含玫瑰精油，香气怡人，有机菩提花及矢车菊能舒缓肌肤，是一款清爽柔肤的化妆调理水，能作为二次清洁使用，拭去脸部残留洁颜品，并收敛紧缩毛孔使肌肤水润清透。

气味佳!

AQUALABEL (160ml)

紧致活颜焕肤露

含维生素 C 诱导体帮助美白、人参精华能紧致肌肤、胶原蛋白与玻尿酸等保湿成分。熟龄肌需要的美白保湿一次备足，精华成分能充分导入肌肤底层，达到最好的吸收与保养效果！

熟龄用!

自然美 (110ml)

泉净白亮皙保湿化妆水

是一款保湿与美白并重的化妆水，含小黄瓜、芦荟、金缕梅等萃取精华，能强效保湿，再阻断黑色素生成，并且代谢已生成之黑色素，达到深层美白，改善暗沉与淡化斑点，质地清润，能快速渗透吸收。

好吸收!

Kiss Me (150ml)

奇士美深度保湿化妆水

高保湿成分且温和不含酒精，能给予干性肌肤最好的呵护，丰润水感质地，能慢慢地完全渗透入角质底层，紧紧吸附于肌肤，调节每一寸肌理，恢复滋润弹力，预防干燥老化与细纹产生，保湿效果持久。

最保湿!

屈臣氏 乳液部门 年度畅销 TOP5 强品

保湿、控油型乳液一向畅销，兼具防晒能提供肌肤更多保护！

L'OREAL
NO.1 完美 UV 防护隔离乳液 SPF50 (30ml)

质地清爽，能在涂抹的瞬间被肌肤吸收，并在肌肤表面形成一层保护膜，抵挡紫外线伤害并防止污染物附着，对抗自由基，防止细胞老化；还具有优异的保湿效果，可以调整肤色能兼饰底乳，最热卖！

战力分析：

美白力
控油力
抗老力
吸收力
清爽力
保湿力

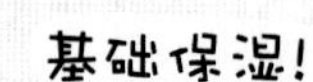

OLAY
NO.2 玉兰油防晒净白乳液 (150ml)

维生素 B3 及桑树精华，可以深入皮肤的底层，使肌肤透出白皙光泽，光源折射因子加上 UV 保护层，减少晒伤、晒黑、干燥与老化，擦起来带有一点粉粉的舒爽感，好吸收不油腻是其口碑佳主因。

战力分析：

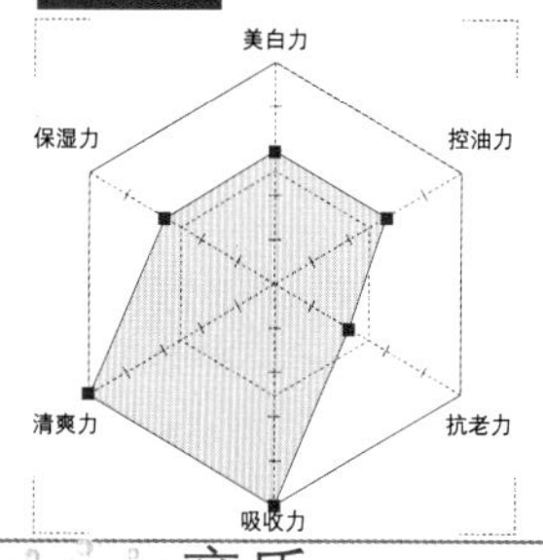

露得清
NO.3 保湿乳液 (100ml)

日用型的保湿乳液，含甘油及维生素 E 能长效保湿，适合上妆前使用，可以保持整日不泛油光，给予肌肤完整基础防护。不添加香精及色素，不堵塞毛孔或刺激皮肤，敏感性肌肤也可安心使用。

战力分析：

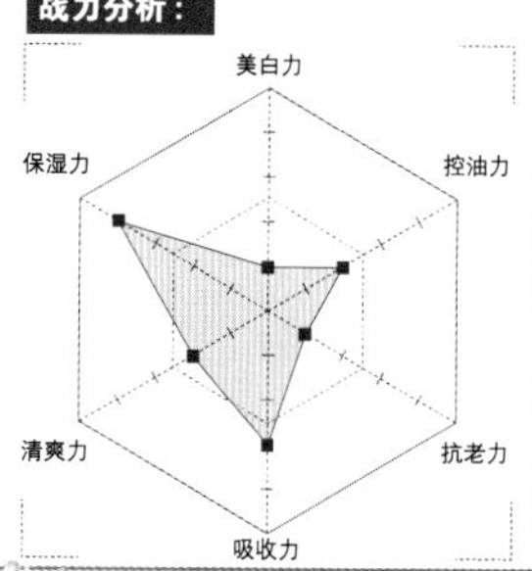
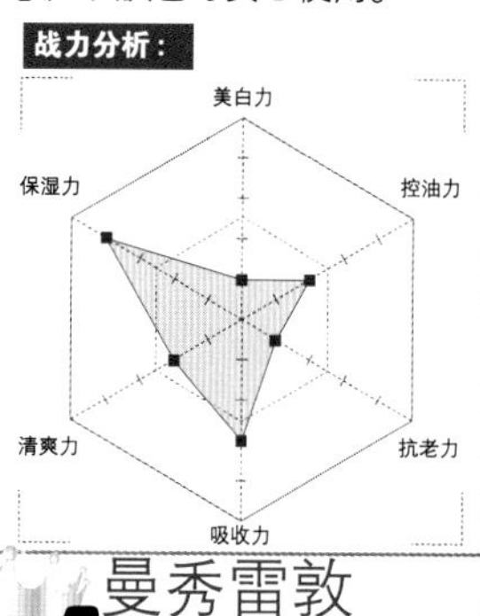

旁氏
NO.4 新一代双重嫩白乳液 (70ml*2)

日夜分离设计，针对早晚不同的肌肤需求提供完善保养。日用含 SPF17 PA++ 防晒成分隔离紫外线，保护肌肤并抗氧化；夜用能修护保湿，排除暗沉与老化角质，让肌肤自然水嫩白皙。

战力分析：

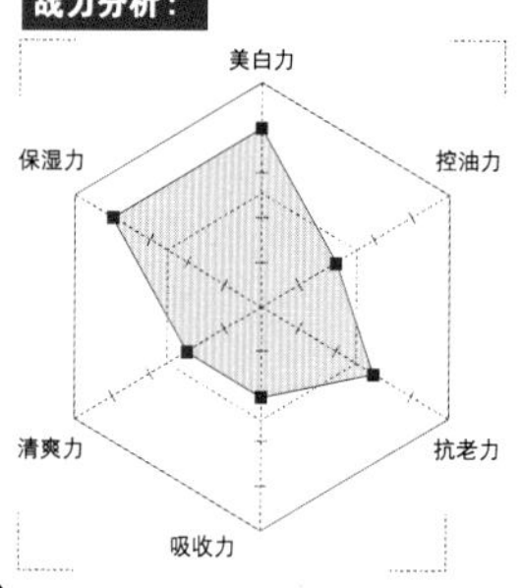

曼秀雷敦
NO.5 ACNES 药用抗痘控油保湿乳液 (80g)

苹果、芦荟、甘菊等植物萃取，能抑制皮脂分泌，控油并保湿，维持肌肤水油平衡，清爽不黏腻，抗菌配方能深入毛孔底部抗菌，预防青春痘产生或恶化，还有 SPF15 温和防晒保护肌肤。

战力分析：

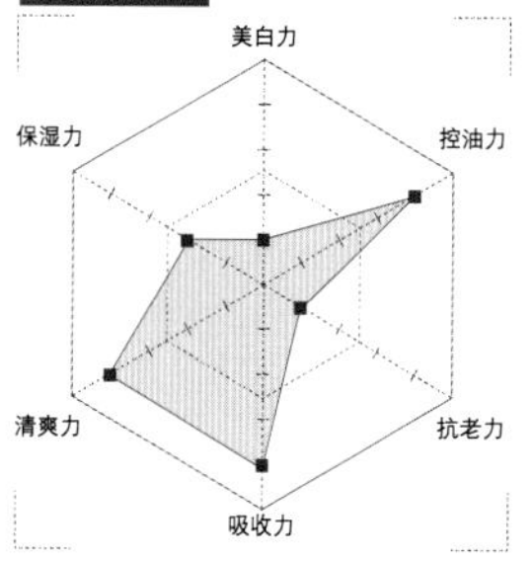

康是美乳液部门年度畅销 TOP5 强品

医学美容品牌的保湿乳液，低敏且保养效果佳，在康是美受好评！

Dr.Wu NO.1 海洋胶原保湿乳 (50ml)

含海洋胶原蛋白、玻尿酸、角鲨烯及维生素 E，强力锁水保湿并修复活化肌肤，保护细胞避免氧化及破坏。产品温和不刺激，能达到清爽且良好吸收的效果，敏感肌肤或术后肌肤皆适用。

战力分析：

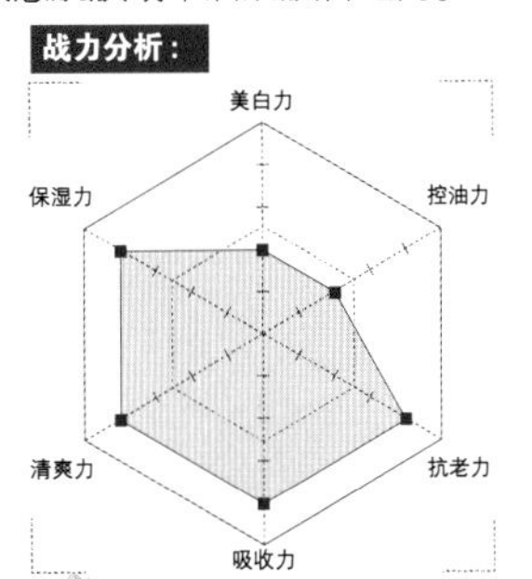

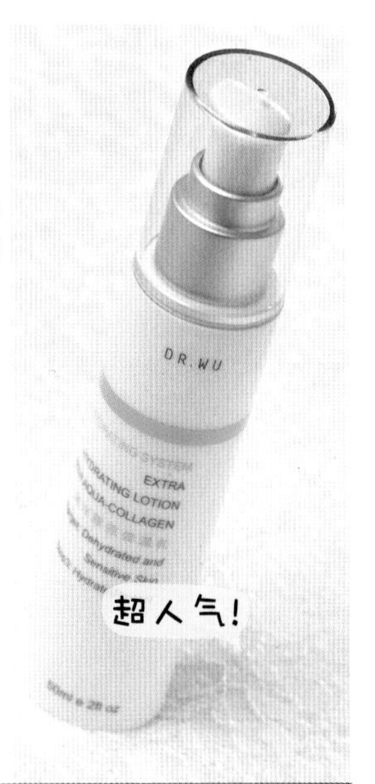

宠爱之名 NO.2 极致保湿修护水乳液 (100ml)

专为干燥与敏感肌肤设计，改善缺水问题，修护受损细胞组织，含乳木果油、玫瑰果油、胶原蛋白、玻尿酸等滋养成分，保湿效果全面且持久，长待冷气房或日晒后干燥急救很有效。

战力分析：

贝德玛 NO.3 舒妍纤敏保湿霜 (40ml)

银杏萃取物、甘草次酸、维生素 E 等超温和配方，可快速舒缓安抚极度敏感、泛红、单薄、受损的问题肌肤，并可加强保湿滋润、修护重建肌肤保护屏障，恢复健康好肤质。

战力分析：

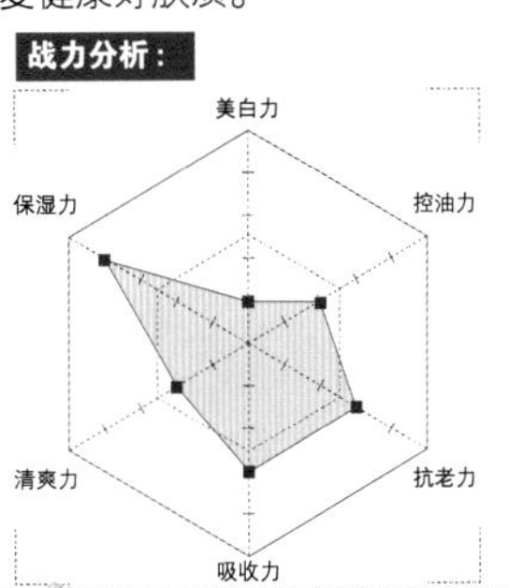

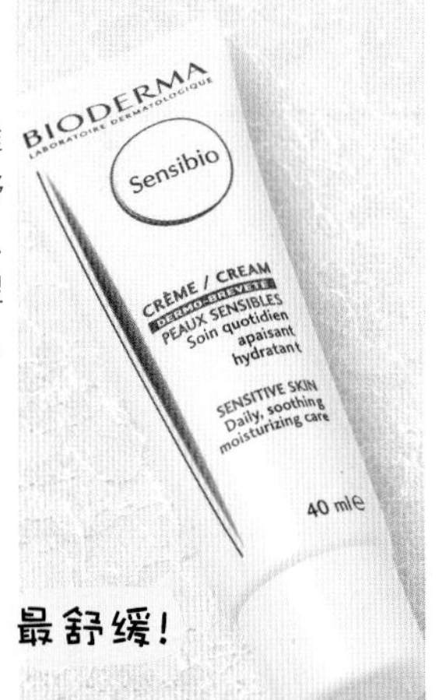

URIAGE NO.4 优丽雅 24 小时保湿乳液 (40ml)

白茅根精萃保湿配方，能重建肌肤储水功能，特殊水合结晶粒，能 24 小时长效锁住滋润成分，给予肌肤补水、保水、锁水全方位呵护。尤其对于秋冬极干燥气候的干痒脱皮肌肤特别有效。

战力分析：

Avene NO.5 雅漾清爽油质调理乳 (40ml)

含活泉水能舒缓痘痘肌肤不适并保湿，南瓜素、吸脂微粒等成分，能迅速调节油脂分泌，维持油性肌肤长效舒适感，无油配方，使用起来清爽无负担，脸部不易泛油光。

战力分析：

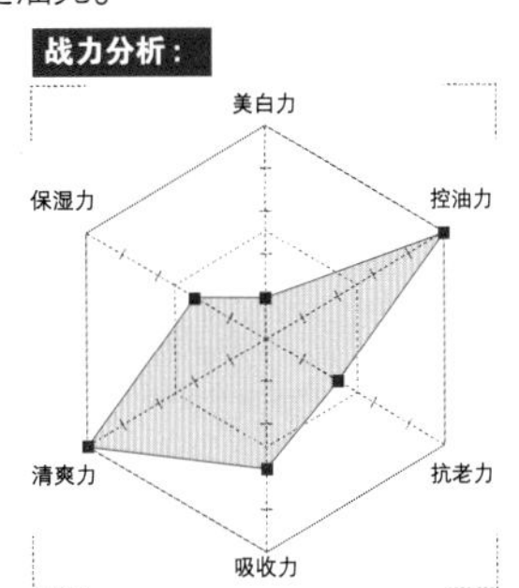

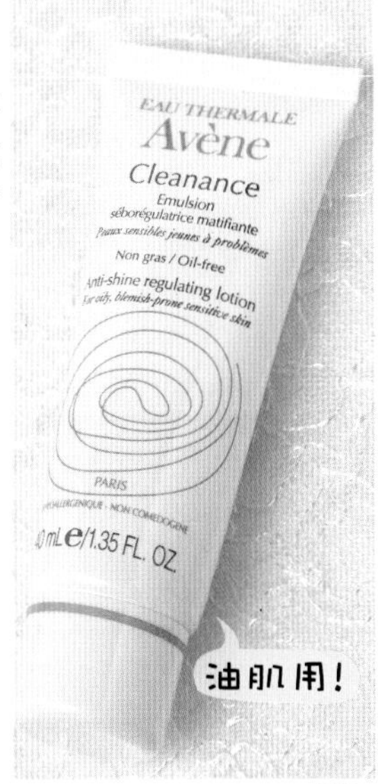

保养小教室

乳液质地介于化妆水与乳霜之间，其优点是对皮肤的渗透力与滋润效果比化妆水强，但又比乳霜清爽舒适。但乳液本身也有很多种类型，太滋润、太油腻的乳液，对油性肌肤来说无法负荷，太清爽的乳液，对干性肌肤来说不够保湿，所以好的乳液，对每个人的定义不同，先看你的肤质如何，再做适合的选择。

乳液选择学问大

乳液使用的时机

乳液使用的时机，是在化妆水之后，如有使用精华液，就是在精华液之后，相较于化妆水的调理保湿作用，乳液主要功能就是紧接着锁水，给皮肤更多的保养滋润，打造人工皮脂保护膜，所以一般使用上或许感觉会有点黏，可以辅助稍加按摩轻拍，会更好吸收。

日常护肤步骤为：水状（化妆水）→液状（精华液）→乳状（乳液）→霜状（日晚霜），一般肌肤或油性肌肤，可能使用到乳液步骤即完成保养程序，如果是干性肌肤或熟龄肌，建议还是乳液＋乳霜都要使用才能完整保湿。抑或是早晚做区别使用，白天使用乳液，夜晚则使用乳霜。

乳液产品怎么选

在基础的保养程序中，乳液的使用是必须的，干性的肌肤，要选择滋润型的乳液较为适合；即使是油性肌肤，也可以选择清爽型的乳液做基础保湿，才不会因为肌肤过干导致出油更多。

最后，针对自身需要的功能性保养，再去选择相关含有美白、控油、保湿、紧致、抗老、抗皱等滋养成分的乳液产品，来帮助更有效达到想要的机能性保养。

乳液部门 Take a look! 潜力新品

乳液特殊的质地特性，能比化妆水蕴涵更多保养成分，也比乳霜来得清爽，所以适合油性肌肤或是不喜欢厚重黏腻感的人使用，也可与乳霜作间隔，当做日用的保养品使用。

除了最基础的保湿效果外，兼具抗老、美白或控油功能的乳液产品，还是更能带给肌肤较多保养与呵护。

Dr.Wu (50ml)

VC微导美白精华乳

高浓度的美白成分，能有效抑制黑色素并淡化黑斑，杜鹃花酸衍生物能改善暗沉并增加肌肤弹性；热带植物萃取可帮助强化肤质，滋润老化干燥肌肤；维生素 A、维生素 E 长效抗老保湿。

美白+抗老！

Good Skin (50ml)

净肤清爽保湿乳SPF15

质地轻爽的无油脂乳液，含玻尿酸、褐藻萃取、维生素 B5、维生素 C、维生素 E 等，能控制多余油脂分泌，同时锁住肌肤天然水分；维持肌肤一整天清爽无油光，同时保水舒适，是一款适合油性肌肤使用的保湿乳液。

保湿+控油！

Kanebo (130ml)

肤蕊美白乳液

有滋润型和清爽型两款可选择，滋润型质地浓郁滑嫩；清爽型触感清新不黏腻。特殊的保湿薄膜效果，能将滋润与美白成分牢牢锁住，有效预防黑色素、雀斑、黑斑的形成，呈现纹理细致且水润明亮的肤质。

美白+保湿！

VICHY (50ml)

薇姿皮脂平衡精华乳

专为亚洲肤质设计，一次解决痘痘、粉刺、油光及毛孔粗大等困扰，并且降低复发概率，再深入皮脂腺调理，降低油脂分泌，抗菌同时达到修护肌肤的效果。淡绿色精华乳质地，好吸收不黏腻，淡雅花果香味很清新。

多功能！

玛奇亚米 (55 ml)

黑绝肌美白乳液

结合 α－熊果素及西蕃莲取，防止肌肤生成暗沉；胶原蛋白燕麦萃取物与乳油木果油能长时间保湿润泽并锁住水分，防止肌肤水分流失，让肌肤水嫩柔软；同时能活化肌肤，赋予肌肤丰润弹力。

美白+保湿！

NARIS UP (140ml)

白金保湿乳液

最新的白金话题成分具有良好抗老锁水功效；维生素 A 能保持肌肤弹性，改善肌肤细纹皱纹与松弛老化，提升肌肤紧实弹力；玻尿酸能加强肌肤深层保湿，展现柔嫩活力好肤质，是一款超优吸收力的乳液。

保湿+抗老！

屈臣氏
精华液部门
年度畅销 TOP5 强品

控痘、美白、保湿等功能性佳的精华液商品，是消费者最爱！

NO.1 蒂芬妮亚
抗痘美人乐无痘粉刺精华液
(18ml)

粉刺OUT!

能软化清除油脂堆积的老化角质，有收敛效果，可紧缩粗大毛孔，能减少粉刺、预防面疱产生，并帮助分解油脂，避免皮脂腺阻塞，调节分泌，净化皮脂，多种植物精华还能舒缓保湿肌肤。

战力分析：

美白力
保湿力
控油力
清爽力
抗老力
吸收力

NO.2 OLAY
玉兰油焦点亮白泡沫精华液
(50ml)

摩丝状!

创新泡沫质地的精华液，质感细致且使用时覆盖面积更广，能让肌肤更均匀且迅速地吸收，葡萄糖氨亮白复合精华能改善肤色暗沉，同时蕴涵大豆、桑树、小红莓精华等帮助肌肤抗氧化。

战力分析：

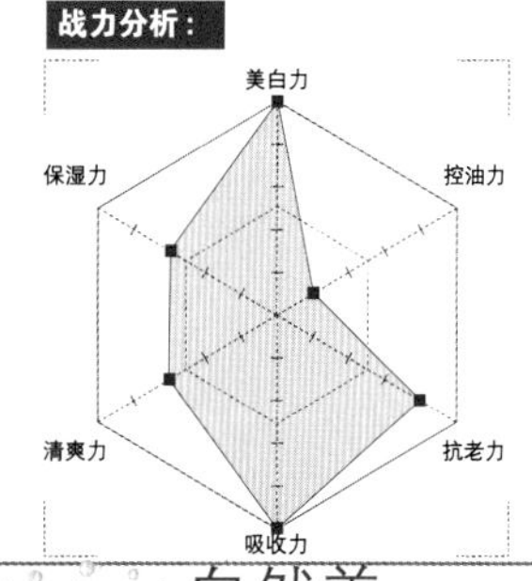

NO.3 美颜故事
玻尿酸保湿精华液原液
(10ml)

原液型!

凝露液状的精华液，质地清爽水润，一擦上即能很快被皮肤吸收，渗透效果优。主要成分为长效润泽保湿的玻尿酸，提升肌肤保水度，使肌肤水嫩明亮更有弹性。

战力分析：

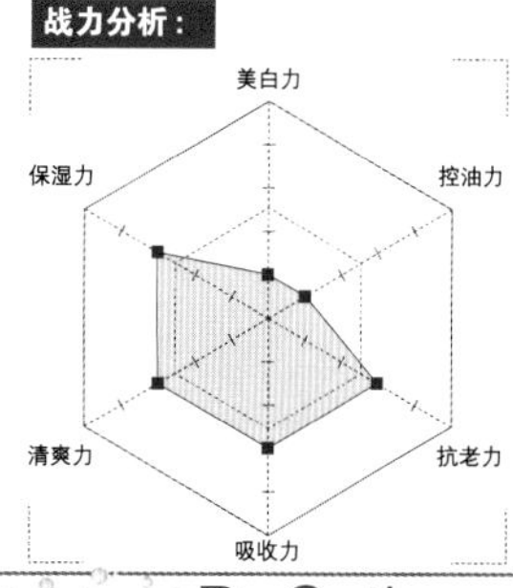

NO.4 自然美
泉净白亮皙保湿精华液
(30ml)

Salon级!

α－熊果素可迅速净白肤色，淡化斑点；金缕梅萃取能收敛、淡化黑色素，促进循环；洋甘菊、甘草萃取可柔润肌肤，同时具有舒缓、保护及滋养之功效。

战力分析：

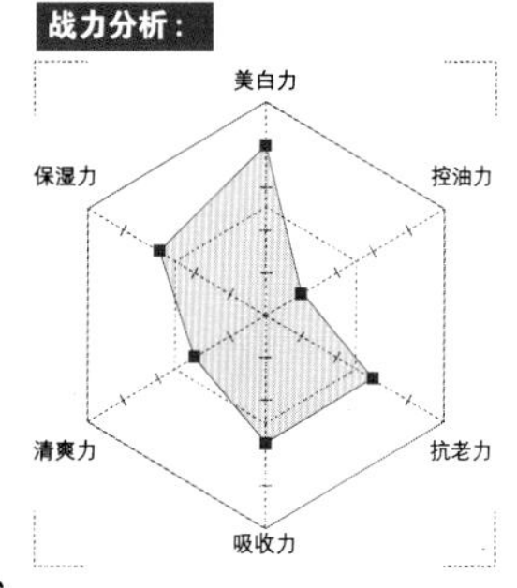

NO.5 Dr.Satin
鱼子高效活氧亮白精华液
(15ml)

全效型!

专为东方女性肌肤所研发的顶级保养品，珍贵鱼子精华加多种保养成分，可高效浸透肌肤，促进细胞新陈代谢，使肌肤紧实、保湿、活肤、亮白，提升光泽度，改善细纹皱纹。

战力分析：

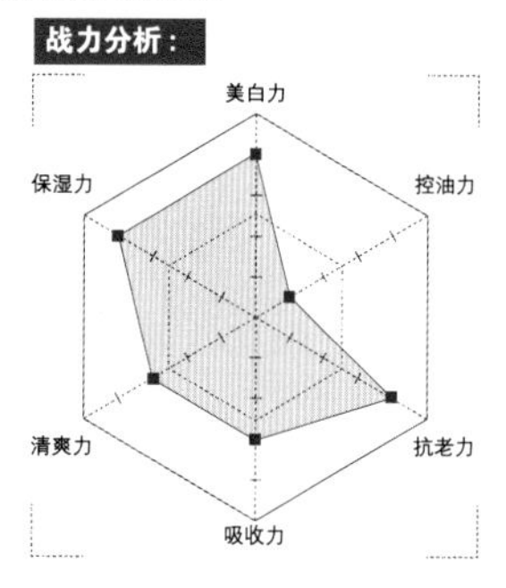

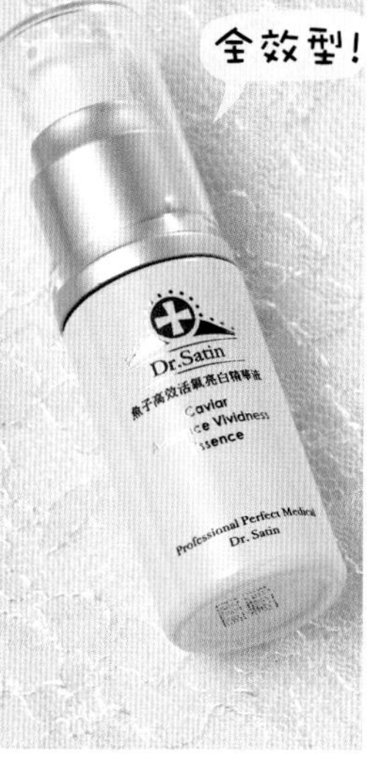

Dr.Wu
NO.1 玻尿酸保湿精华液
(35ml)

含高浓度玻尿酸、海洋胶原蛋白，可强力锁水保湿，提升肌肤细胞保水机能；活性酵母精华，具有修复及活化再生功效。全效低敏感配方，是一般及敏感性肤质都适用的超强保湿圣品。

战力分析：

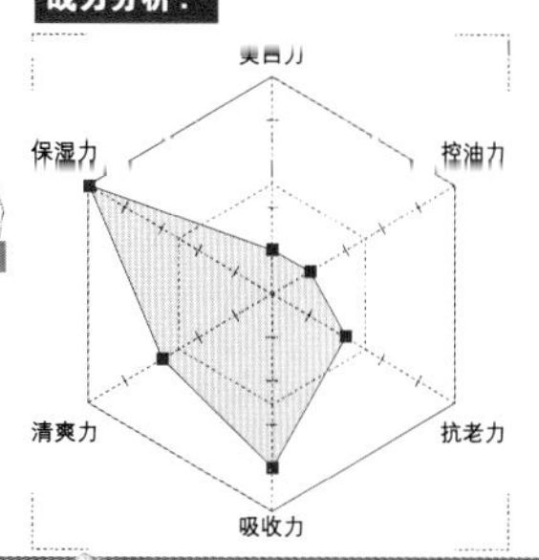

宠爱之名
NO.2 亮白净化完美精华液
(30ml)

添加最新抗氧化成分艾地苯，能防护紫外线对肌肤的伤害，抵抗自由基，使细胞健康、充满活力，渐少暗沉与皱纹产生。亮白、净化、防护、保湿、抗氧化，全面保养呵护一次完成。

战力分析：

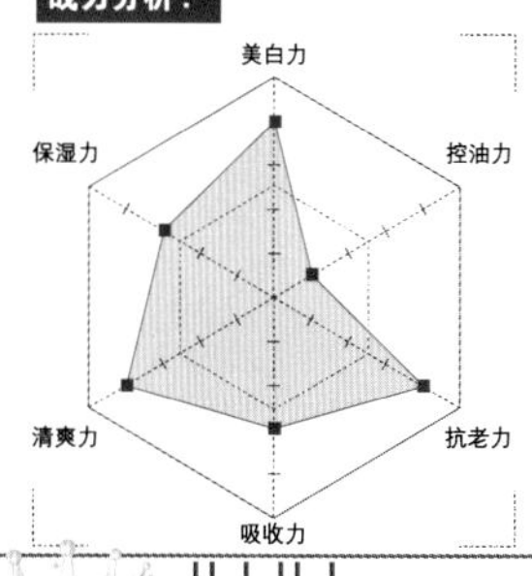

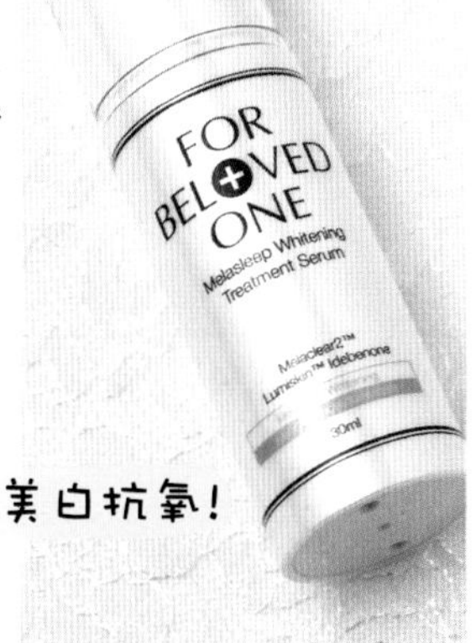

妮傲丝翠
NO.3 高效保湿凝露
(15ml)

凝露质地很好推开吸收，很优的清爽舒适感更兼具良好保湿力，含高浓度玻尿酸，达到皮肤内外层保湿功效，配合多种营养成分，促进新陈代谢，刺激细胞再生。干性、油性、痘痘肌肤皆适用。

战力分析：

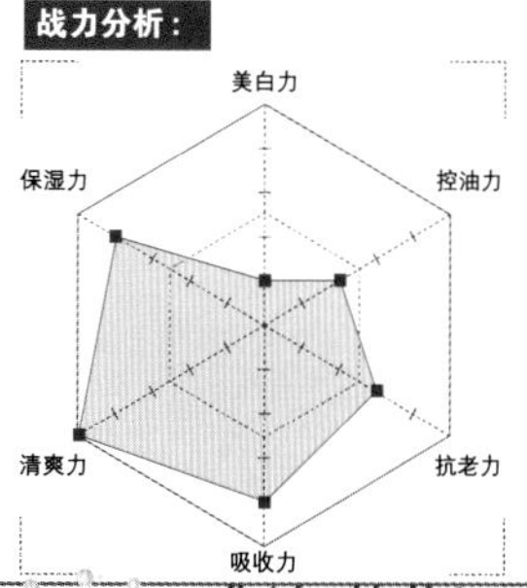

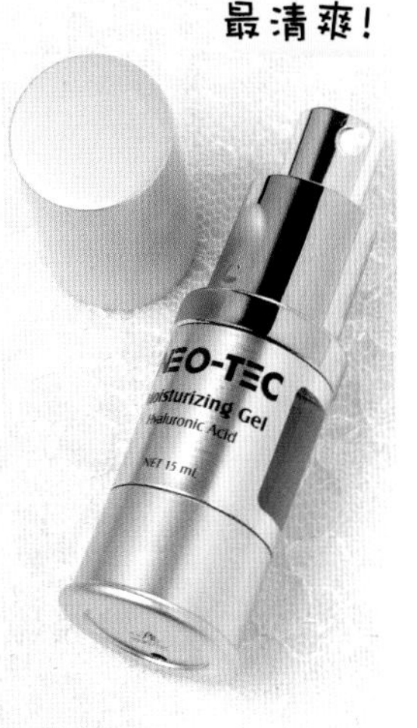

JUJU
NO.4 透明质酸保湿美容液
(30ml)

日本非常畅销的美容液，含百分之百的透明质酸，能在肌肤上形成保护膜，维持肌肤的保水度，渗透性高吸收快，使用后能迅速改善肌肤干燥，使其恢复弹力水嫩光泽。滴管式的设计使用更经济。

战力分析：

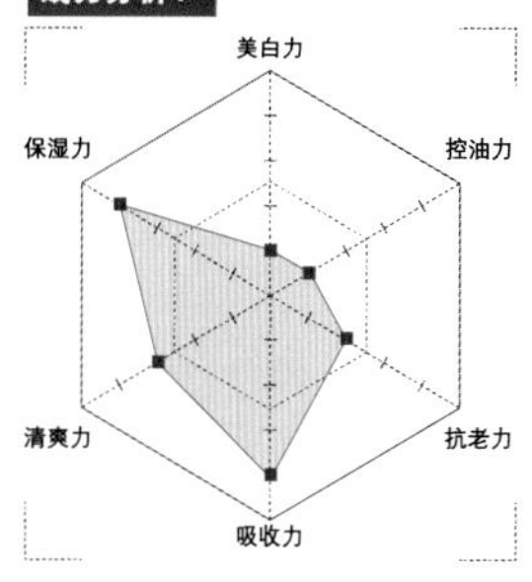

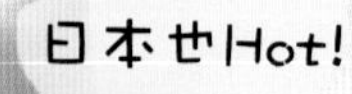

雅洛茵斯
NO.5 Q10 活肤保湿精华液
(33ml)

含高浓度顶级Q10，配合芦荟精华、玻尿酸、鲛鱼肝油等滋养成分，能活化深层肌肤，提高肌肤保护力与抗氧化机能，减缓肌肤老化，抗皱保湿效果优，滴管式设计，控制用量更经济。

战力分析：

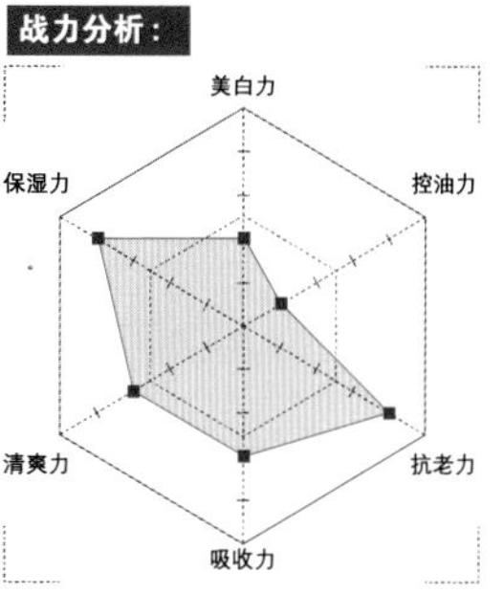

保养小教室 机能性最强 精华液

什么是精华液？

精华液是以科技的方法萃取众多保养原料中最精华部分制成的美容液，通常也会加以运用各种载体技术或是纳米化，让分子较细，使有效成分不被破坏，能更完整地被肌肤吸收。

精华液大多含有高效珍贵的保养成分，如玻尿酸、胶原蛋白、Q10、胜肽 、维生素 C 等最为常见，质与量比一般保养品多出许多，浓度也最高，功能性的保养效果最快最优。

精华液在质地上，比化妆水滋润保湿，且比一般的乳液乳霜都来得清爽。可以加强保湿，又不会使肌肤表面留有过多油脂，使用触感也最优。

市面上各品牌保养系列大多会出精华液商品，有保湿、美白、修护、细致毛孔、抗老、除皱等等各种不同功效的精华液，虽然成分功能各有不同，但通常都是该品牌或该系列人气的代表商品，平均价位也较高一些。

什么人适合使用精华液？

化妆水、乳液算是基础保养，而精华液则是进阶的机能性保养选择，能更深层修护滋养肌肤。依据肤质、年龄还有保养需求可弹性选择是否需要使用精华液，一般来说，熟龄肌比年轻肌肤更需要使用。

如果觉得自己肌肤待改善的问题较多，有一些特殊的功能性保养需求，如美白、控油、抗痘、强效保湿、抗敏舒缓、抗老抗皱等，就建议保养程序中加一瓶精华液。

什么时候使用精华液？

精华液的分子介于化妆水还有乳液之间，所以保养程序应在化妆水之后、乳液之前，拍完化妆水后，就可以擦上精华液，辅以双手轻柔点压按摩脸部，能帮助肌肤更好吸收。若是先使用乳液再用精华液，会因为乳液的乳质分子较大而阻隔了精华液的吸收，乳液的长时间保湿的功能，于精华液后使用，能够锁住水分，也能锁住精华液成分哦！

Step by Step!

精华液+指压按摩，保养效果UP!

Step1 画圈+点压

涂抹适量精华液，于两颊以画圈方式按摩后，再用指腹轻弹斑点或干燥部位，加强精华液吸收。

Step2 眉心按摩

将手指并拢，以指腹轻轻地以眉心为起点，由内往外，由下往上按摩舒压，帮助淡化眉头细微皱纹。

Step3 眼周舒压

以中指加无名两指指腹，在眼周轻轻点压，再由眼尾往太阳穴位置斜上提拉按摩，促进血液循环。

Step4 两颊拉提

食指和中指微微打开呈现V字，从下巴沿嘴角往两颊45°向上轻推按摩，帮助紧实肌肤，还可以塑小脸。

精华液部门 Take a look!

潜力新品

精华液是所有保养产品中具最大保养功效的单品，含有最多最高浓度的精华成分，并设计成具明确功能性的产品，如保湿、美白、淡斑、抗老、抗皱、控油、抗痘等。在选择上还是要以自身肌肤需求为最大考量，但功能性强的商品，相对需多注意其药物成分可能带来的刺激性，因此，成分天然、安定、低敏的商品，是较佳的选择。

MILDSKIN (30ml)

三分钟瞬间除纹精华

超抗皱！

添加多胜肽除皱因子，搭配维生素 K_1、雷根草、假叶树、海藻萃取、玻尿酸等有效成分，先舒缓肌肤、改善血液循环，再补充肌肤所需的胶原及水分，提升紧致度与平滑度，短短 3 分钟就有感觉，能快速紧实、消除纹路，是避免打除皱针的抗皱新对策。

UNT (30ml)

抗痘焕肤调理精华液

抗痘佳！

采用抗痘、治痘的草本精华配方，剂质清爽，刺激性低的水杨酸能温和促进代谢、调节皮脂分泌、畅通毛孔并减少毛囊阻塞，提供抑菌、抗敏抗炎效果，帮助修护痘痘面疱肌肤，避免痘疤生成，使肌肤更平滑、细致。由内而外改善皮肤泛油、粉刺、痘痘的困扰。

Dr.Wu (30ml)

VC微导美白精华液

最亮白！

高浓度美白成分，能彻底防止黑斑暗沉与色素沉淀，持续长效美白。天然仙人掌萃取，帮助促进肌肤正常代谢，平衡油脂分泌，保湿并增进皮肤弹性，使用后不但感觉肤色均匀、明亮，紧实度也提升了。

URIAGE (30ml)

优丽雅晶焕净白动力胜肽精华素

美白+抗老！

含新型维生素 C 诱导体的高浓度美白成分，有效抑制黑色素形成与淡化原有黑斑，完全代谢致黑因子；且具极高度安定性，能 24 小时持续美白。另外添加专利能量性成分，使细胞加速新陈代谢，提升扫黑淡斑功效！

NOV (30g)

娜芙蚕丝全效锁水精华

超锁水！

由日本研发的最新抗氧化保湿精华液，含天然植物性鲛鲨烷、水解蚕丝蛋白及荷荷芭油，能补充细胞间脂质并提升肌肤防御力，抵抗大气及环境污染。面膜式的美容精华液，能密集保湿，预防缺水干燥的细纹产生。温和低刺激性，敏感肌也适用。

卡尼尔 (30ml)

晶亮密集净白精华

局部淡斑！

富含龙胆草精华与精纯维生素 C，有效对抗暗黄肌肤及顽固斑点，减少黑色素形成，并加强肌肤自然代谢力，特殊尖管设计很适合局部淡斑使用。质地清爽不油腻，能快速被肌肤吸收。

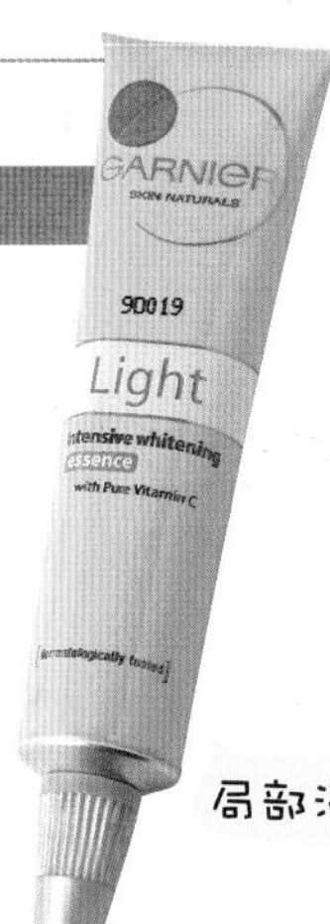

屈臣氏 日晚霜部门 年度畅销 TOP5 强品

精华霜产品滋养效果佳，干燥肌与熟龄肌适用，抗老类最热卖！

NO.1 OLAY 玉兰油 全新多元修护晚霜 / 日霜 (50ml)

针对各种肌肤保养问题都能有效解决，能抚平细纹和皱纹，改善粗糙与暗沉，均匀肤色，柔嫩肌肤，避免毛孔粗大，抗氧化并紧实肌肤。日霜较清爽，并有 SPF15 防晒；晚霜较丰厚滋润。

战力分析：

美白力 控油力 抗老力 吸收力 清爽力 保湿力

NO.2 卡尼尔 紧妍抗皱晚霜 / 日霜 (50ml)

含舒缓金姜因子，能预防细纹与皱纹；蓝莓萃取精华能增强肌肤的紧实与弹性，使肌肤更有活力并防止老化松弛。日霜具有 SPF15 防晒功效保护肌肤；晚霜则添加天然樱桃精华，让肌肤柔嫩平滑。

战力分析：

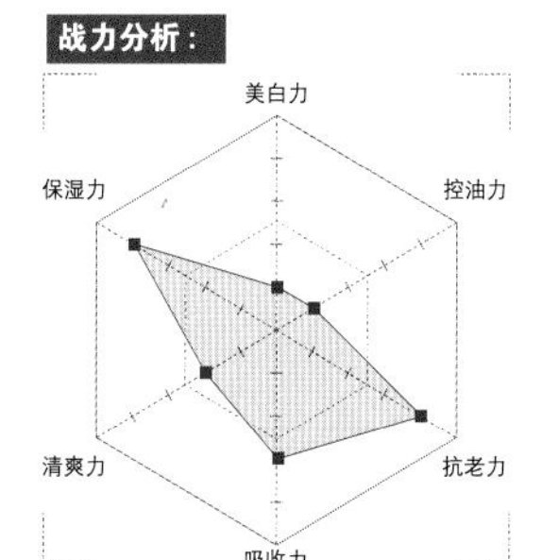

NO.3 Dr.Satin 鱼子高效紧致净白霜 (30ml)

鱼子精华搭配玻尿酸、胶原蛋白与氨基酸等成分配合，具有深层滋润与净白功效，有助肌肤活化与紧致，抚平细纹并改善暗沉，延展性极佳的霜状质地，搭配按摩促进血液循环更好吸收。

战力分析：

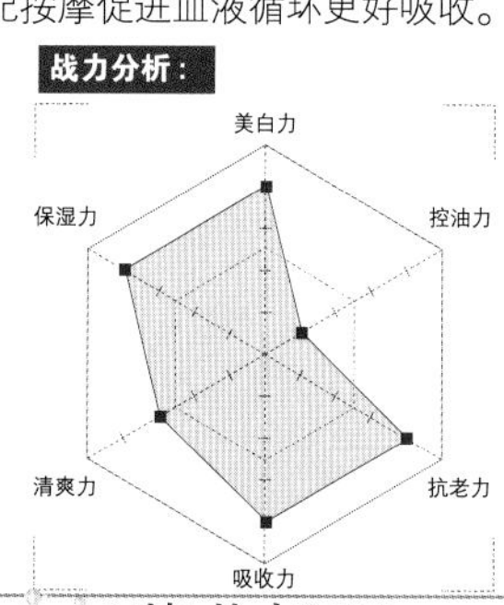

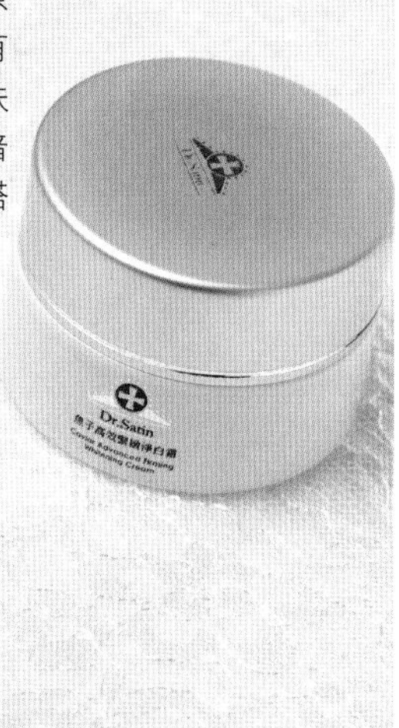

NO.4 露得清 细白精华霜 (30g)

长卖不败的口碑款，含纯维生素 A 与稳定美白维生素 C 的深层调理配方，由内而外排除沉积的黑色素，让肌肤不仅白皙，更加细致，精华霜质感清新柔润，不厚重黏腻，不刺激亦不易阻塞毛孔。

战力分析：

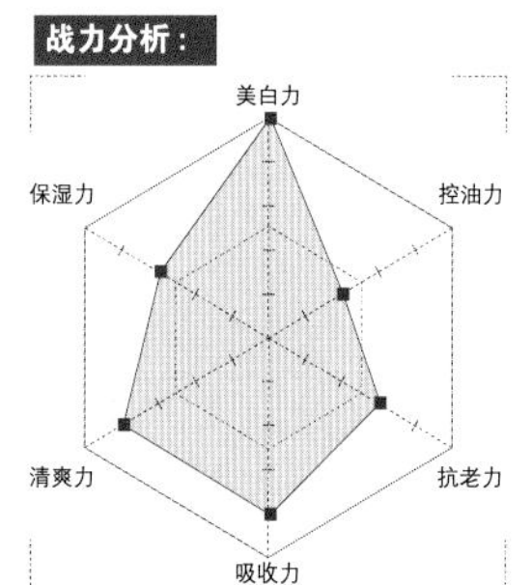

超口碑！

NO.5 蒂芬妮亚 海洋深层保湿防护日霜 (50ml)

含保湿与抗氧化成分，使肌肤免受环境污染物或日晒伤害而导致老化，配方特别轻柔透薄，持久服帖，易于皮肤吸收，不含油分配方，各种类型肌肤使用均感舒适清爽，妆前使用能使妆容更持久亮丽。

战力分析：

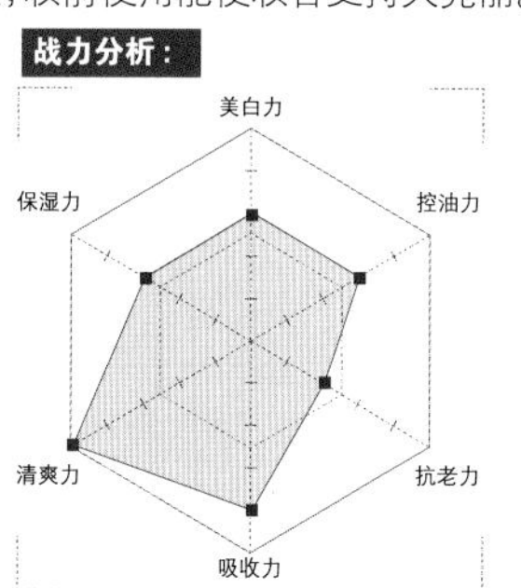

康是美 日晚霜部门 年度畅销TOP5强品

保湿类与抗老类的精华霜产品，在排行榜上屹立不摇！

Dr.Wu NO.1 多胜肽抗皱修复霜 (30ml)

独特的多胜肽复合抗皱配方，高浓度成分可长效持续拉提，有效预防动态纹的产生，多重深海藻类萃取，可提供敏感肤质极致的润泽修护，温和丰润的霜状触感，易于延展推开，吸收力优。

战力分析：

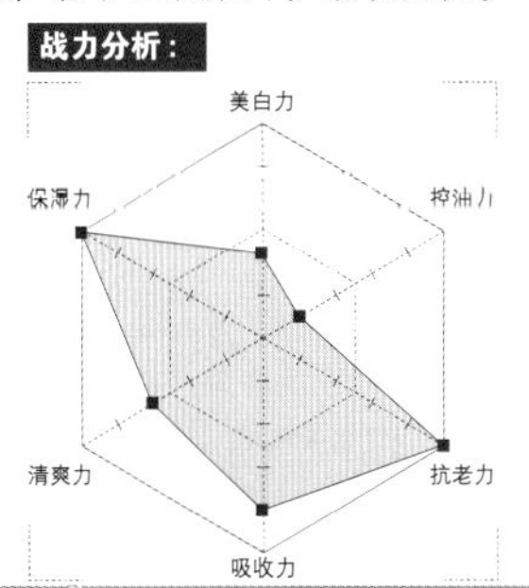

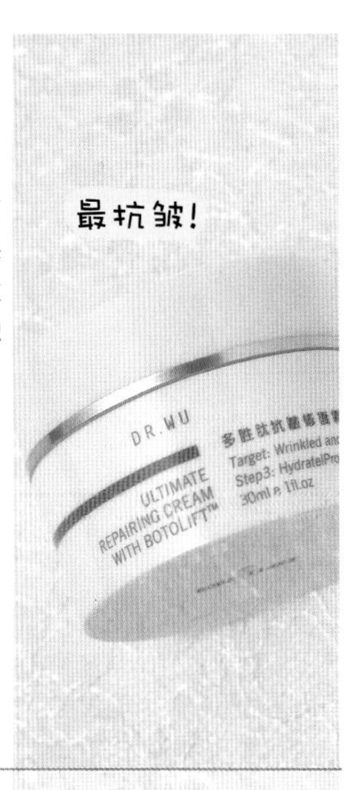

妮傲丝翠 NO.2 多元赋活因子精华霜 (30g)

创新纳米微脂囊包覆技术，能保护精华成分有效进入肌肤底层细胞不被破坏，发挥完整的抗老抗皱与保湿功效，活化并增强肌肤弹性，改善松弛肌肤，还能抗氧化、抗自由基，适合熟龄肌。

战力分析：

美白力 控油力 抗老力 吸收力 清爽力 保湿力

好吸收！

NEO-TEC Ultra Restorative Face Cream Growth Factors + Peptides Complex NET 30 gm

OLAY NO.3 玉兰油 多元修护晚霜 (50ml)

二度进榜！贺 双料优良品！

战力分析：

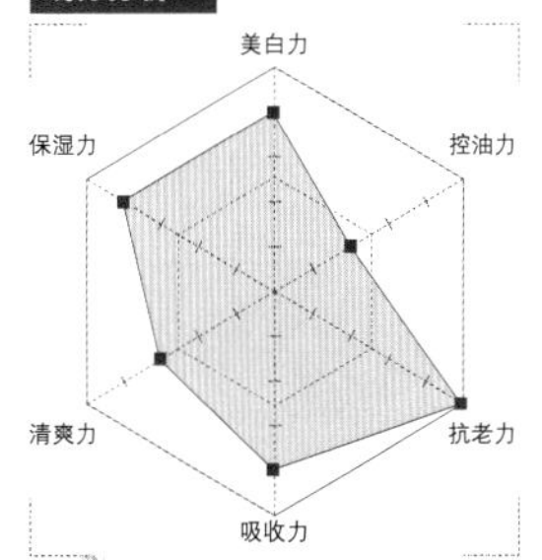

雅洛茵斯 NO.4 芦荟保湿营养霜 (35g)

日本畅销款，含芦荟精华、左旋C、玻尿酸等，能长效保湿，渗透性强且吸收快，兼具舒缓功效。适用于脸部滋养、手脚干裂脱皮粗糙，可当面霜、身体乳霜、护手霜、护脚霜、护唇霜等。

战力分析：

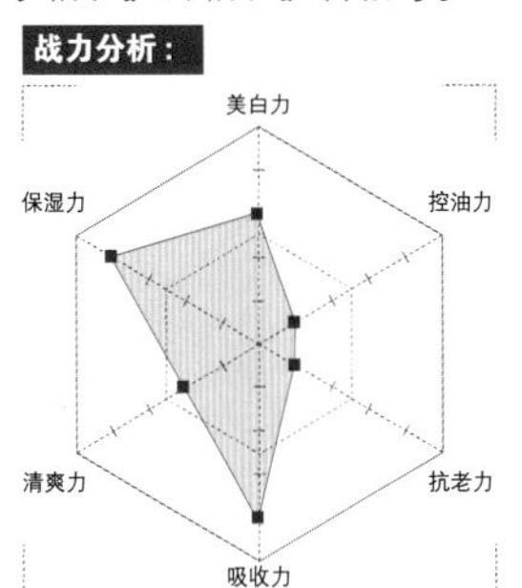

JUJU NO.5 透明质酸保湿霜 (50ml)

透明质酸配合甘油成分，能给予肌肤足够的滋润呵护，让肌肤更细致、光滑、有弹性，很清爽的霜状质感，不黏腻，能迅速吸收至皮肤底层。温和的弱酸性，肌肤使用无负担。

战力分析：

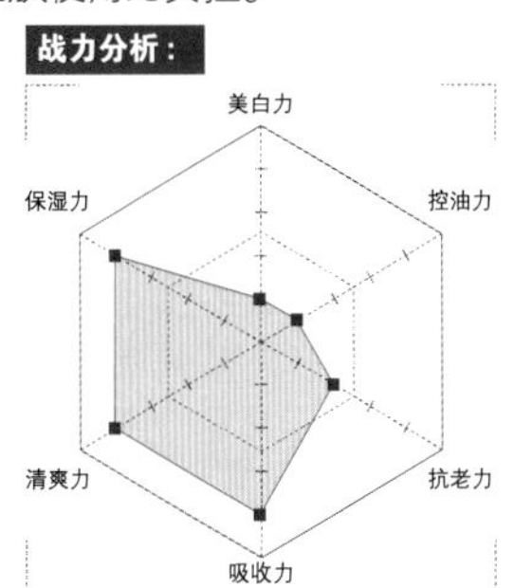

保养小教室

乳霜与乳液基本上是相似的，但乳霜是乳液再浓缩、凝结后的产品形态，更能深入皮肤进行滋润，让皮肤更加饱满、有弹性。乳霜质地较为丰厚浓稠，滋养效果也更优，适合干燥肌肤或是熟龄肌肤的加强保养使用。

日晚霜怎么用?

由于乳霜质地较为浓重，不适合油性肌肤或是粉刺、痘痘肌肤使用，容易造成油腻不适感或是使粉刺出油更严重；而一般肌肤可以视保养需求决定是否使用乳霜产品，但不论哪种肤质，使用日晚霜产品时，仍需注意避免擦到眼睛的周围，因眼周的皮肤较为细嫩，乳霜的厚重黏腻感可能使眼周负担过重，另外使用专为眼部设计的眼霜产品较适合。

乳霜保养品，通常又会分日霜与晚霜，日霜通常添加防晒成分，所以适合白天的滋养防护使用；晚霜则是更加强机能性保养成分（如美白、抗老），有些成分不适合白天使用，所以设计于晚霜产品中。由于肌肤在夜晚是新陈代谢最好的时候，此时擦滋润一点的保养品，会帮助代谢与吸收，所以一般肌肤也可以试着将早晚的保养品分开，白天使用乳液，到了晚上则选择滋润型的乳霜，作为修护肌肤的重要保养。

Step by Step!

乳霜变身按摩霜，超省钱!

按摩霜是乳霜再延伸的产品形态，但其实选对乳霜产品，再加上正确的按摩手法，一罐就能抵两罐用哦！乳霜加按摩的好处很多，可以促进血液循环、消水肿、拉提抗皱、气色红润，并帮助其他的保养品吸收。选择润滑延展性高的，才好推开按摩。

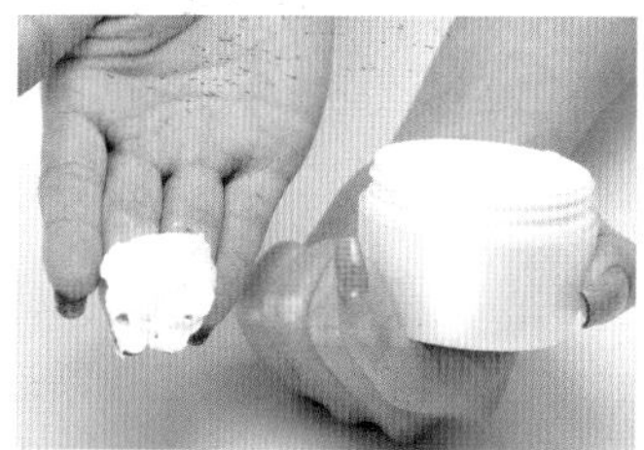

Step1

足量乳霜

取适量乳霜，先于双手搓揉温热，然后均匀涂抹于脸部，让脸上有足够的按摩霜帮助推动按摩。

Step2

额间按摩

以手掌温热脸部，用轻柔力道采用画圆的方式，由中间往两侧太阳穴方向推揉按摩。

Step3

脸颊按摩

将手指并拢，借由指腹轻柔的力量，由嘴角向两颊延伸至耳际，画圈斜向按摩。

Step4

表情纹加强

熟龄肌可加强表情纹按摩，如嘴角法令纹，可以轻柔画圈滑动方式，沿嘴唇周围按摩抚平。

Step5

拉提线条

针对特别容易松弛下垂的侧边脸颊，以两指微张方式，轻轻向上滑动拉提按摩，不要过度用力。

Step6

化妆水清洁

按摩完毕后，用化妆绵沾取适量化妆水轻轻擦拭全脸，清除残留的乳霜与按摩掉的老化角质，再继续下一道保养。

日晚霜部门 Take a look!

潜力新品

乳霜质地丰厚且滋润效果最优，是干性肤质或熟龄肌不可或缺的保养单品之一，各品牌无不积极研发提升保养功能性更强的商品，如加强保湿、美白、抗老抗皱等，以满足消费者对精华霜产品的期望需求。

近来更流行将乳霜产品设计为晚安面膜，此外，建议搭配轻柔按摩就可将产品升级成按摩霜，保养效果大加分哦!

Kanebo (40g)

肤蕊美白精华晚安美容霜

晚安面膜!

夜晚完成所有保养程序后使用，晚霜结合面膜概念，在睡眠中让丰润的美白精华完整地渗透至角质深处，封锁式保养效果，隔天早上醒来即能惊喜拥有透明白皙的弹力好肤质。

OLAY (50g)

玉兰油焦点亮白乳霜

淡斑优!

含葡萄糖氨亮白复合物与维生素C，可帮助减少色斑与色素沉淀，抑制黑色素生成，改善肌肤纹理更健康白皙。添加竹子精华能温和代谢老化角质，肤色立即透亮光彩，保湿效果优。

宠爱之名 (30ml)

亮白净化白松露睡眠晚霜

睡眠用!

添加顶级白松露成分，与α熊果素、西印度樱桃萃取、甘草萃取等，抑制并淡化黑色素。睡眠晚霜于夜晚黄金时段使用，能及时阻断白天日晒可能形成的黑色素。净白 + 修复 + 抗老 + 保湿，质地细致，淡淡香味宜人，还能帮助一夜好睡眠。

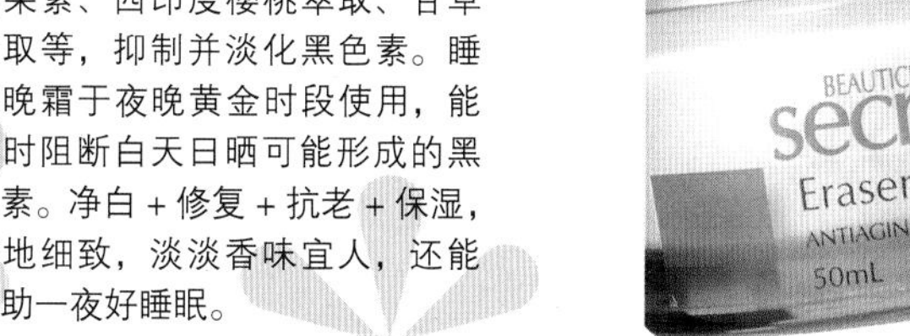

Beautician's Secret (50ml)

无龄肌密六胜肽除皱霜

除皱优!

六胜肽抗皱成分，能深入肌肤里层，平抚舒展肌肤，减少皱纹深度，可使用于全脸、颈部或局部皱纹部位，以提拉的方式涂抹，可强化肌肤弹性与紧实度，还能维持油水平衡，使肌肤保水。

L'OREAL (50ml)

完美净白轻柔保湿精华乳霜

超锁水!

有 SPF50 PA++ 的防晒保护，适合白天的保养使用，质地细腻柔滑的乳霜，提供肌肤良好的润泽保湿感，并长效深层净白肌肤。另含微毫净白珍珠，能调和亚洲偏黄肤色，擦上即有立即亮白的光泽效果。

Yes TO carrots (50ml)

保湿晚霜

很天然!

来自美国的全新品牌，在药妆店人气攀升中，这款保湿晚霜由胡萝卜籽精油、胡萝卜汁以及死海矿泥调制而成，成分天然且有淡淡香甜的气味，使用起来相当舒缓保湿，适合干性和敏感性肌肤！

屈臣氏眼霜部门

年度畅销 TOP5 强品

抗皱拉提型的眼霜仍具万年不败的畅销实力，其次是亮白型眼霜！

NO.1 蒂芬妮亚 玫瑰玻尿酸拉提眼霜 (30ml)

含玻尿酸、天然玫瑰水萃取与类肉毒杆菌素，滋润保湿，预防眼睛周围肌肤因干燥而提早老化或产生细纹，帮助紧实拉提并淡化细纹，让眼周肌肤更显明亮细致光泽，有淡雅香味，保湿但不油腻。

战力分析：

美白力 控油力 抗老力 吸收力 清爽力 保湿力

NO.2 OLAY 玉兰油多元修护眼霜 (14ml)

含维生素 B3、B5、C、E、锌、镁、钠等，促进肌肤胶原蛋白增生，改善细纹、皱纹与眼周暗沉，淡化色斑。质地细致滋润，擦上后能很快吸收，不会有厚重黏腻感。

战力分析：

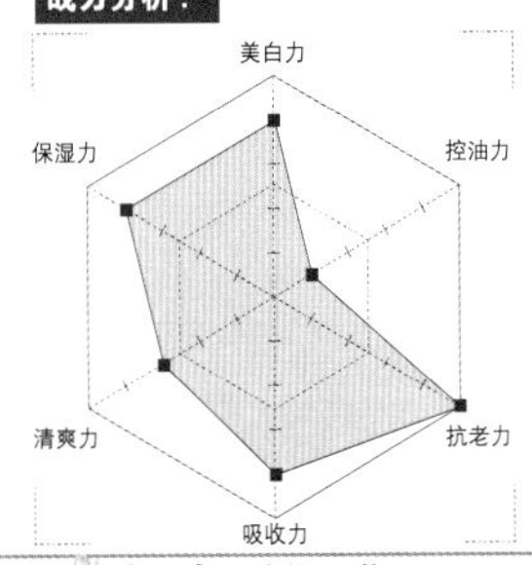

NO.3 露得清 紧致活力眼霜 (15g)

含胜肽成分的抗老眼霜，活性铜配方，能让眼部肌肤紧实有弹性，并减少眼部浮肿、细纹产生，维持眼部良好血液循环，使双眼更明亮光彩有活力，产品温和，敏感性的肌肤也可用。

战力分析：

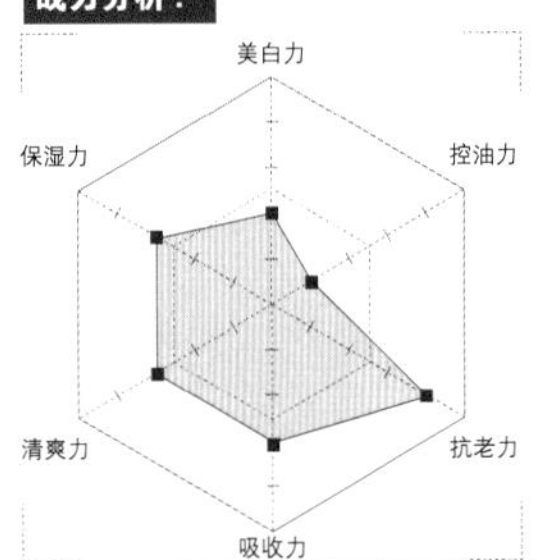

NO.4 妮维雅 凝水活彩眼霜 (15ml)

眼周肌肤特别娇嫩，也容易因为疲累、压力及熬夜，导致黑眼圈与浮肿。这款眼霜富含小黄瓜及人参萃取精华，能舒缓抚平浮肿眼袋，淡化黑眼圈；遮瑕微粒子还能立即使眼部看起来光彩明亮！

战力分析：

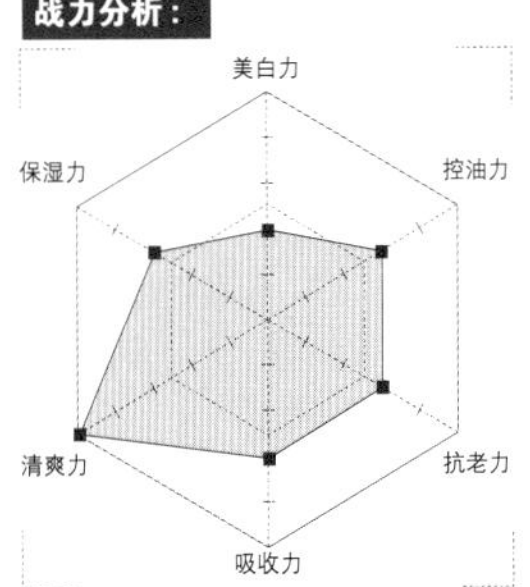

NO.5 L'OREAL 完美净白亮白防晒眼霜 SPF15(15ml)

是一款适合日用的眼霜，SPF15 防晒系数能保护眼部肌肤不受紫外线伤害而造成老化、斑点；含维生素 C 与净白因子能有效淡化斑点，抑制黑色素生成；白睡莲萃取物帮助对抗自由基，预防老化。

战力分析：

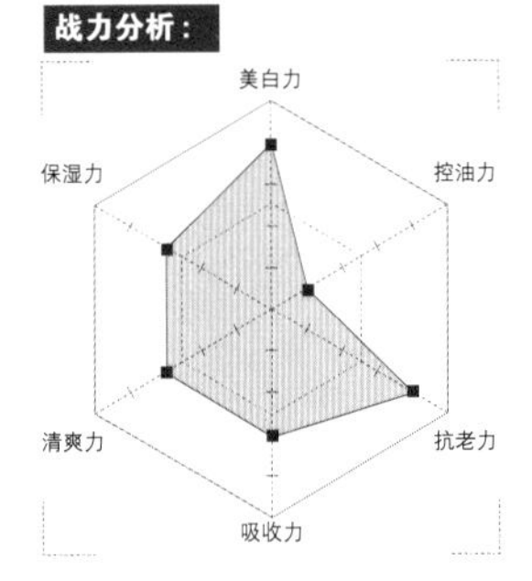

康是美
眼霜部门
年度畅销 TOP5 强品

同样是抗老抗皱型的眼霜，压倒性地占据了TOP5 的畅销宝座。

NO.1 Dr.Wu 多胜肽抗皱眼霜 (10ml)

无负担顶级修复保养，没有一般滋养眼霜的高油脂量，强效保湿抗皱但使用起来十分清爽舒适，低敏感且温和不油腻，能迅速为眼周肌肤吸收。多胜肽复合成分，能达到加倍提拉抗皱效果。

战力分析：

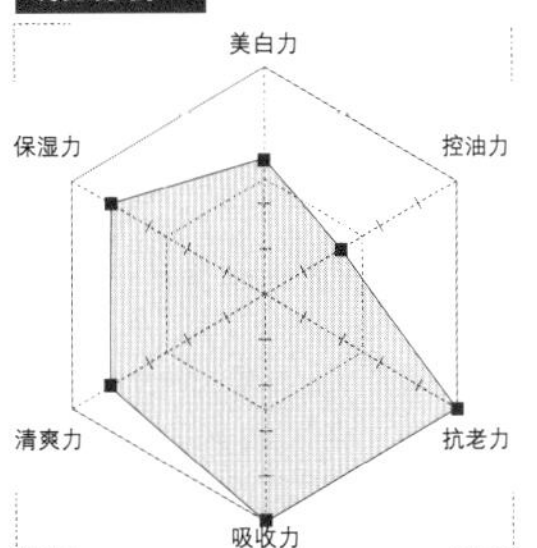

NO.2 宠爱之名 高效抗皱保湿眼霜 (15ml)

能改善浮肿与眼袋问题、去除暗沉熊猫眼、紧致抚平细纹、保湿润泽具有绝佳的滋养效果，能帮助舒缓眼部。便利的尖管状包装设计，能更精准经济地使用，还能将多余耗损量降到最低。

战力分析：

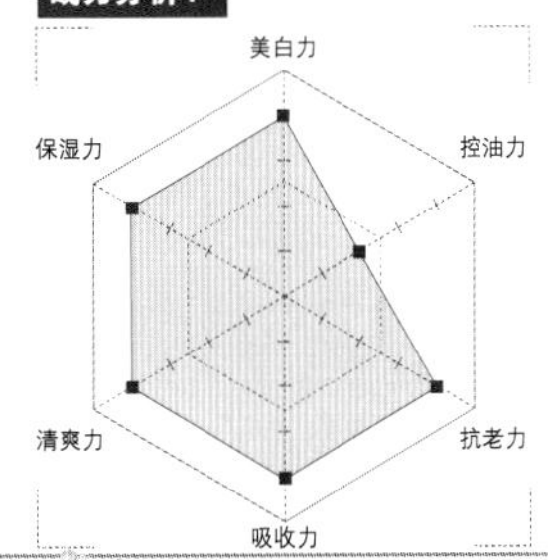

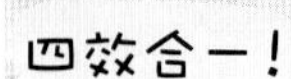

NO.3 OLAY 玉兰油多元修护眼霜 (14ml)

战力分析：

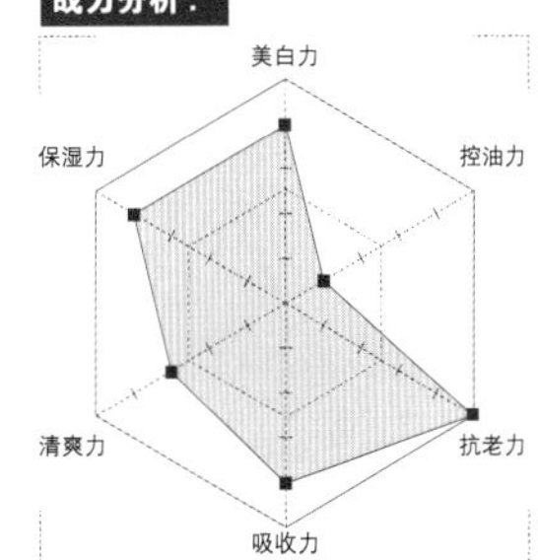

NO.4 L'OREAL 活力紧致眼霜 (15ml)

利用微毫胶囊分子技术，将维生素原 A 成分传送到肌肤表皮层里层，完整发挥作用，有效减少眼睛四周细纹，紧实眼部肌肤，使其恢复弹性；含柔效咖啡因，能分解脂肪，减少眼部浮肿问题。

战力分析：

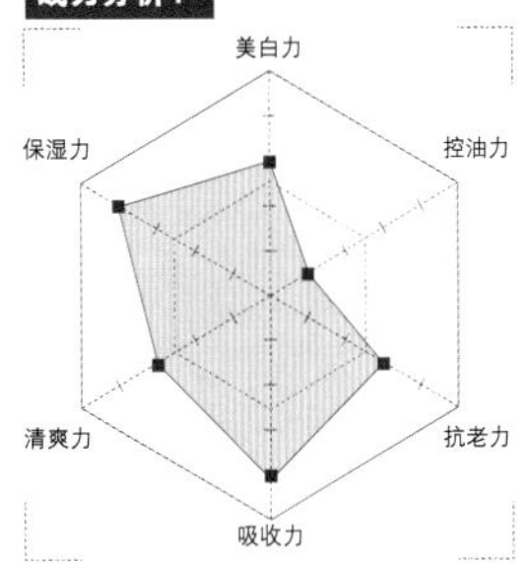

NO.5 L'OREAL 展颜抗皱修纹眼霜 (15ml)

添加专利抗皱成分，借由减少细胞收缩作用来减少细纹的产生，强效且持久的保湿作用，深层滋润眼部、淡化细纹，让眼周肌肤重拾弹力光彩，最令人困扰的鱼尾纹、表情纹都能明显淡化。

战力分析：

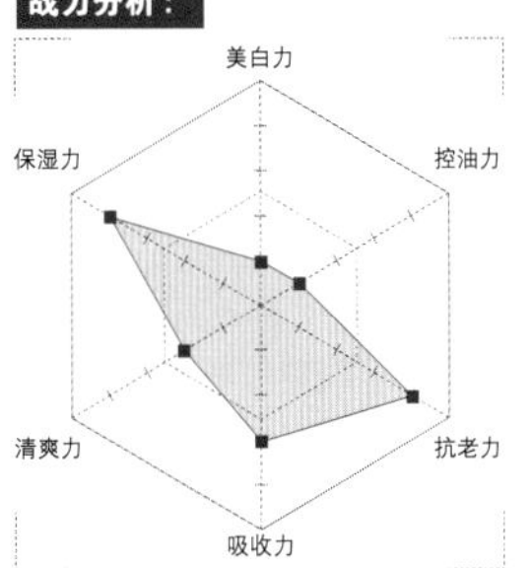

保养小教室 不可少的亮眼法宝：眼霜

大多数人对于眼霜产品存在着许多误解，而对眼霜的使用望而却步。如果你也以为眼霜过了25岁再擦就好，以为眼霜是导致眼部肉芽的最大凶手，甚至以为脸用乳霜可以直接代替眼霜，真是大错特错啦！

其实，眼部脂肪粒种类很多，形成原因也很多，大多是因为遗传体质、过度搓揉、清洁不当、不良饮食习惯所造成，但从来没有研究证据指出，和眼霜的使用有直接关系，所以不要再为了眼上的小肉芽而不敢使用眼霜，或是不断更换昂贵的眼霜哦！

也有很多人误以为眼霜是熟龄肌的专利，往往都在眼睛开始出现问题后，才意识到应该使用眼霜了，这样可不行哦！眼部是一个人肌肤最薄最娇嫩细致却也是使用最频繁的部位，由于用眼过度、化妆、压力、睡眠不足、环境污染、气候变化等原因，导致黑眼圈、细纹皱纹、眼袋浮肿、斑点暗沉、老化加速等问题产生。

因此建议从年轻时就应该养成使用眼霜的习惯，否则等到眼部开始出现老化问题则为时已晚。年轻肌肤或许无法立即感觉眼霜的效果，不过现在就开始认真擦，或许十年后你就会感激眼霜为你带来的抗老效果。

另外，脸用日晚霜并不适合代替眼霜使用，太厚重黏腻的质地，容易造成眼部细致肌肤的不适与刺激，针对眼部娇嫩肌肤设计的眼霜产品，才是最优的选择。

眼霜种类繁多，保养效果不一，挑选时更应谨慎仔细，清楚自己的眼部保养需求，才能找到最适合自己的那瓶。一般来说，油性肌肤或年轻肌肤使用清爽的眼胶比较适合，熟龄肌肤或干燥肌肤则适合使用较滋润的眼霜或眼部精华。

Step by Step!

这样用帮助拉提、消除浮肿

选对了眼霜产品，还要用对方法才行，眼霜的使用切忌用力地又揉又擦，那样反而让纤薄的眼部肌肤拉扯出皱纹来。最好的方法是用比脸部保养时更轻柔一点的力道，或是用轻点眼周穴点的方式最佳哦。

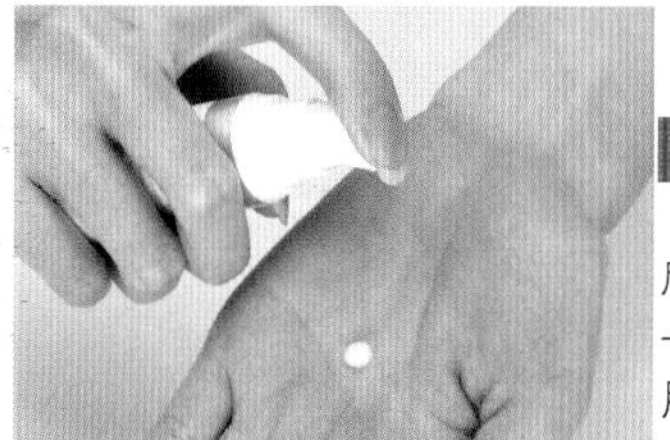

Step1

适量眼霜

洁肤与化妆水程序后，压出适量眼霜产品，一眼约是一个米粒大小的用量。

Step2

环状涂抹

以食指指腹沾取眼霜，从眼头→上眼皮→眼尾→下眼皮的顺序，轻柔均匀涂于眼周肌肤上。

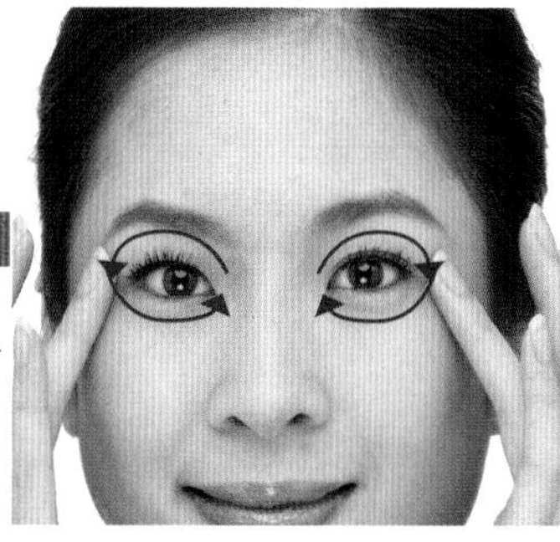

Step3

钢琴式点压

一样从眼头→上眼皮→眼尾→下眼皮，以弹钢琴的方式呈环状来回轻轻点压按摩，约重复5次。

Step4

眼尾延伸

以指腹轻柔地由眼尾斜向上约45°角，延伸按摩至太阳穴位置，帮助拉提与吸收。

Step5

下上拉提

将食指与中指微微张开，分别轻轻按压住上下眼皮，由内侧向外侧斜上延伸按摩，帮助拉提紧实。

Step6

温热吸收

将三指并拢，轻柔覆压在下眼窝，帮助温热吸收，可以同时以指腹轻轻按压鼻翼两旁的穴点，促进下眼窝肌肤的血液循环，淡化黑眼圈。

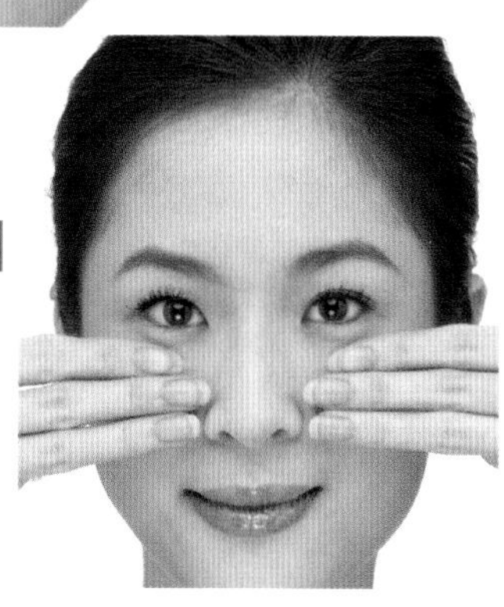

眼霜部门 Take a look!
潜力新品

眼部的保养，无论是要抗老、抗皱或是要美白，都必须要先有好的保湿力做基底，因此好的眼霜产品，只有美白、抗老的功能是不够的，兼具保湿与清爽低敏的眼霜，才能帮助眼部保养效果更佳！

眼霜的配方也不断推陈出新，越来越多优秀的新成分问世，瞧瞧有哪些最新的眼霜良品吧！

宠爱之名 (10ml)

眼部除纹紧致精华

独特藻紧肤精华成分，能立即于表皮角质层发挥紧致拉提效果，再于真皮层加速弹性纤维细胞与胶原蛋白生长，使眼周肌肤平滑有弹性，对抗因年龄增长及地心引力引起的老化松弛，不长肉芽配方，让眼部无瑕无负担。

抗松弛！

Dr.Satin (15ml)

鱼子弹力紧致眼胶

清爽凝胶状！

顶级鱼子成分，能促进眼周肌肤新陈代谢；多胜肽元素能紧致抗老化；玻尿酸与胶原蛋白给予眼部滋润，预防因干燥而产生的小细纹。清爽的凝胶质地亲肤性佳，擦上能立即渗透吸收。

妮傲丝翠 (15g)

果酸亮白眼霜

黑眼圈克星！

黑眼圈、泡泡眼、细纹皱纹、干燥粗糙、暗淡无光等眼部肌肤5大困扰都能有效解决，超温和的果酸成分，能带来多功效的滋养效果，舒缓滋润，促进循环，活化眼部肌肤更显光彩明亮。

旁氏 (15ml)

柔润透白眼霜

微遮瑕！

柔顺丰润的眼霜质地，能带给眼周娇嫩肌肤特别的呵护，温和舒缓并滋润眼部肌肤，维生素 B_3、维生素E、尿囊素及遮瑕微粒，帮助摆脱瑕疵暗沉的双眼，重获明亮双眸。

玛奇亚米 (15ml)

黑绝肌美白眼霜

维生素C醣苷、西蕃莲萃取、Q10、乳醣酸、褐藻萃取、传明酸、大豆蛋白、纳豆萃取等，超多重美白与紧致成分，能全面防护眼周肌肤生成暗沉，延缓老化，改善细纹与松弛，清爽的质地能温和地渗透并深层润泽，恢复眼部活力与白皙。

超亮白！

GOOD SKIN (15ml)

紧致润泽眼霜

强效保湿！

大麦及小麦胚芽萃取、柳珊瑚、咖啡因萃取、维生素E等成分温和不刺激，所有肤质皆适用。强效保湿型的眼霜，能滋润并紧实眼周肌肤，改善眼周细纹与皱纹，为易显倦容的眼周肌肤重新注入活力。亦可在妆前使用帮助妆效服帖。

屈臣氏
面膜部门
年度畅销TOP5强品

美白型的面膜
最具话题性，
人气居高不下，
深受消费者喜爱。

NO.1 蒂芬妮亚 芦荟+左旋C面膜（5片/盒）

超划算！

含左旋维生素C、天然芦荟精华与洋甘菊萃取，满足肌肤最基本的保养需求，帮助净白并同时滋润肌肤，敷起来感觉相当舒缓清爽，能温和带走老化角质，让肌肤立即呈现水嫩透明感。

战力分析：

美白力
控油力
抗老力
吸收力
服帖力
保湿力

NO.2 露得清 细白修护面膜（5片/盒）

热卖经典！

年年进榜的畅销款，含高稳定美白维生素C，不易因光、热、氧化而破坏，能完整抵达肌肤底层，彻底抑制阻断黑色素的形成；芦荟萃取精华能舒缓日晒不适并高效保湿，剪裁服帖，清爽好吸收。

战力分析：

美白力
控油力
抗老力
吸收力
服帖力
保湿力

NO.3 OLAY 玉兰油净白淡斑舒展面膜（5片/盒）

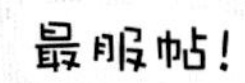

创新的3D格纹弹力设计，能与脸部每一寸肌肤紧密贴合，达到超优的服帖密闭效果，让丰润的美白精华液加倍深入肌肤，强效淡斑，特殊草本舒压香味，赋予肌肤愉悦舒适的使用感受。

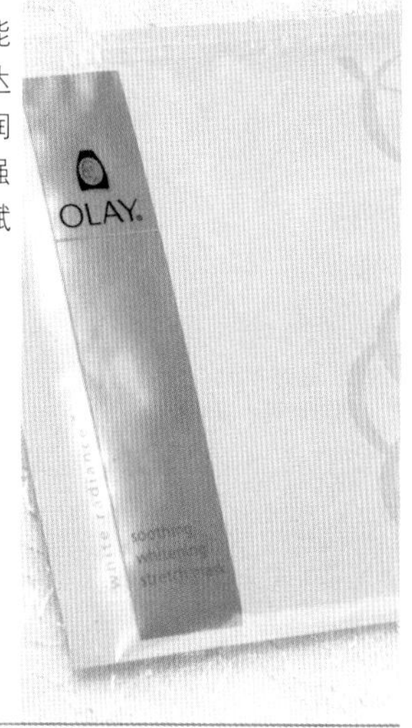

战力分析：

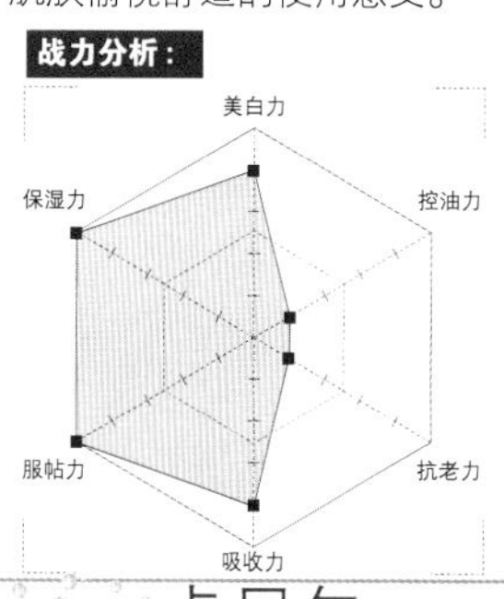

NO.4 OLAY 玉兰油多元修护紧致抗皱舒缓面膜（5片/盒）

独特弹力舒展纤维材质，超优的延展力，能完整包覆服帖并有绝佳拉提效果。帮助解决多种岁月痕迹，告别皱纹、细纹和松弛的肌肤，每次使用后，都能感觉肌肤变得更加紧致了！

战力分析：

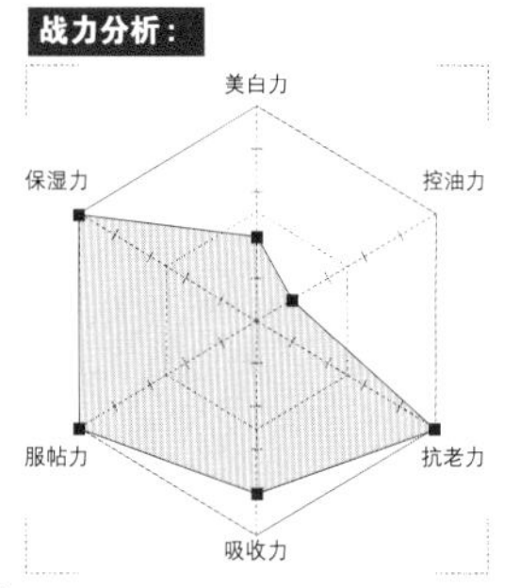

NO.5 卡尼尔 晶亮超能量深层美白清透面膜（5片/盒）

气味清新！

精纯柠檬精华+维生素C，能消除肌肤暗沉、淡化斑点；可充分舒缓并补充肌肤水分，迅速提升肌肤明亮度，让肤色看起来更加白皙清透。柔软的材质、适中的厚度与剪裁设计，帮助有效渗透。

战力分析：

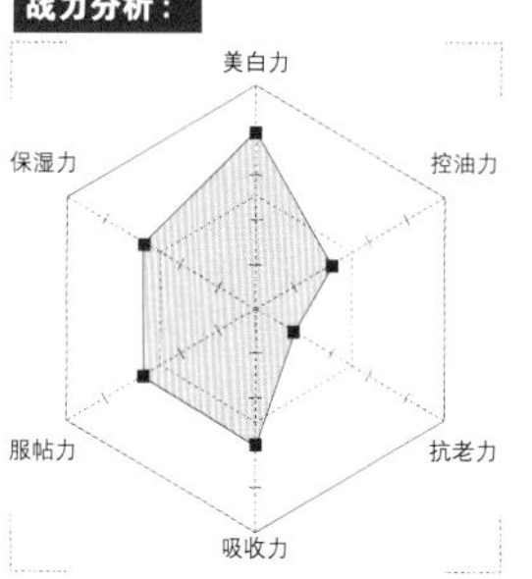

康是美 面膜部门 年度畅销 TOP5 强品

美白保湿的面膜仍然独占鳌头，服帖度佳的设计，最具市场魅力！

NO.1 宠爱之名

亮白净化生物纤维面膜 (3片/盒)

最亮白！

特殊透明状的生物纤维材质，纤维极细小，与人体肤质相近，服帖度极佳，较一般面膜有更优异的导入效果，一片含33ml超丰润的精华液。一次使用后，就能吸收丰富的美白保湿精华。

战力分析：

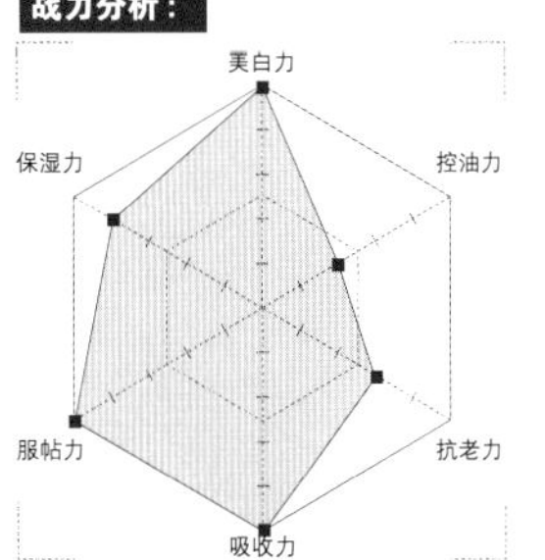

NO.2 我的美丽日记

保加利亚白玫瑰纳米面膜 (10片/盒)

香港观光客来台湾必买，为台争光的超级畅销面膜品牌，亲切的价格却拥有好口碑的保养效果。这款添加保加利亚白玫瑰成分，敷起来感觉十分清透舒爽，保湿净白效果很优。

玫瑰香！

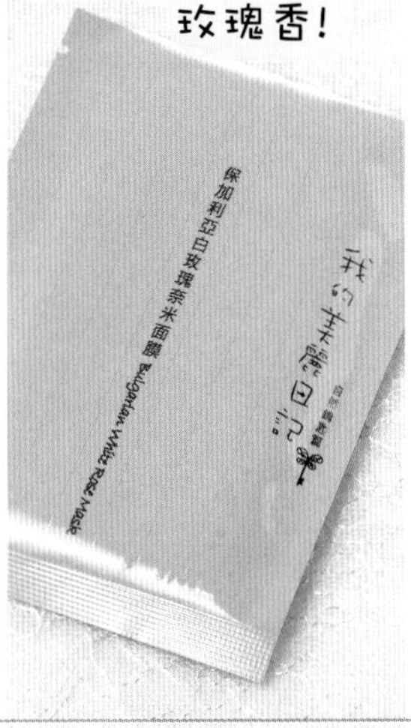

战力分析：

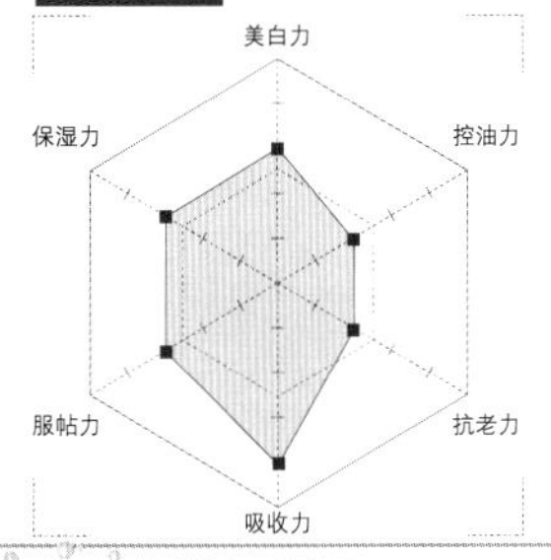

NO.3 露得清

深层美白修护面膜 (5片/盒)

进阶版！

高密度织纹裁切，符合亚洲人脸形，敷起来更服帖，精华液吸收更完整。含维生素C、大豆精华、活化肌肤的维生素 B_3 与具有消炎舒缓作用的马齿苋。

战力分析：

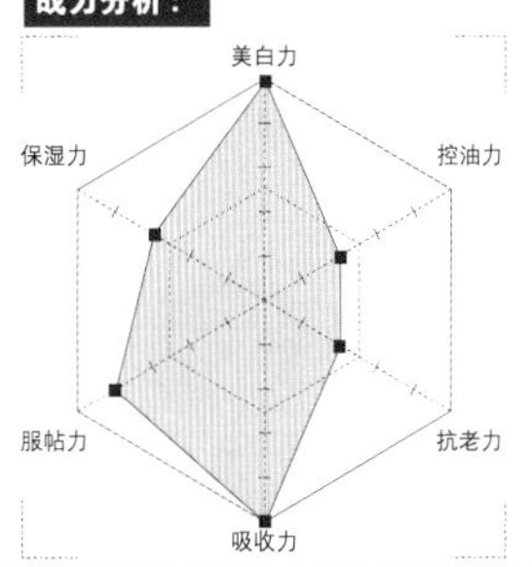

NO.4 OLAY

玉兰油净白淡斑舒展面膜 (5片/盒)

最服帖！

战力分析：

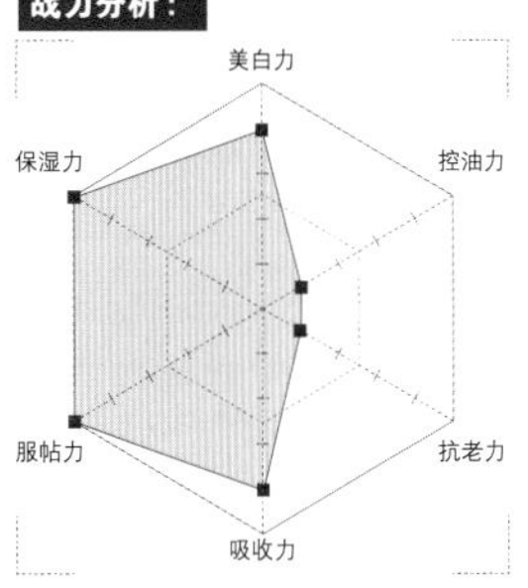

NO.5 妮傲丝翠

高效水嫩修护面膜 (4片/盒)

含多种天然植物萃取精华与维生素 B_5 成分，能迅速舒缓安抚发红、发炎、缺水的问题肌肤，强力保湿，修护受损肌肤。适合晒后或术后的急救保养，敏感性肌肤也适用。

高保湿！

战力分析：

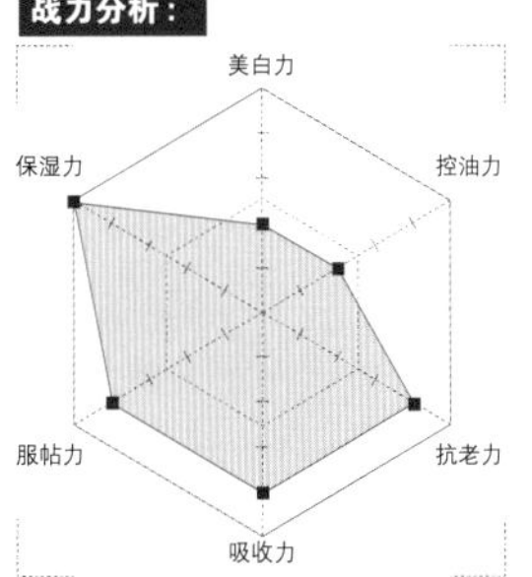

保养小教室 最快速的急救保养：面膜

面膜的种类			
功能	类型	效果	适合肤质
深层清洁 →	膏状、泥状、泡沫状	去角质、清除粉刺、控油	油性肌肤、粉刺肌肤
机能保养 →	乳霜状、凝胶状、不织布型、棉布型、生物纤维型、果冻型	保湿、美白、抗老、除皱、抗痘、控油、抗敏	干燥肌、暗沉肌、老化肌、敏感肌

面膜种类繁多，一般来说，湿布式的面膜还是最受欢迎的主流形态。除了最普遍的不织布或棉布式，近年来又有各种创新的材质被研发运用，如果冻状面膜是利用特殊凝胶技术，将精华液直接凝固制成面膜，密合度高的果冻状胶质，不易滴落，使用舒适;另外，医学美容的生物纤维面膜，近来也是热到不行，绝佳的服帖度和细致度，非常热卖受欢迎。

面膜借由各种不同的成分添加，调配出各种不同功能、不同材质的形态，选择产品时还是要依据成分、质地与每个人不同的保养需求来作为挑选的考量。

面膜的功效：

面膜产品属于特殊保养，在保养理论上并非每日必需品。然而，敷面膜所带来的速效保养效果，是其他保养品所无法比拟取代的，这也是面膜商品永远是话题热卖的焦点的原因。

面膜的使用原理是以全脸覆盖的密闭效应，使肌肤表面温度升高，毛孔张开，帮助代谢出油脂与角质，并强迫精华养分大量渗透而能深入吸收，让机能性的保养成分有效发挥作用，使用后能立即感觉肌肤饱满有活力，达到绝佳的保养效果。

面膜使用小常识

- 敷面膜前先做去角质的工作，养分渗透效果更优。
- 晚上是肌肤修护的最佳时间，敷面膜时机晚上比早上优。
- 敷面膜的时间以15~20分钟最佳，不要敷过夜(晚安面膜除外)。
- 深层清洁式的面膜不要天天使用，一周使用1~2次即可。
- 保养式的面膜，也不必天天敷，一周敷3~4次最适合。
- 深层清洁式的面膜，敷完一定要彻底洗净。
- 保养式的面膜，使用后可不需洗脸，若觉得有黏腻感，轻拍化妆水拭去即可。
- 敷完仍残留精华液的布膜或是装面膜的锡箔纸，可以用来擦手脚、关节或身体肌肤，经济不浪费。
- 敷面膜时，搭配轻柔点压按摩，促进血液循环，保养更加分。

面膜的加分法！效果UP!

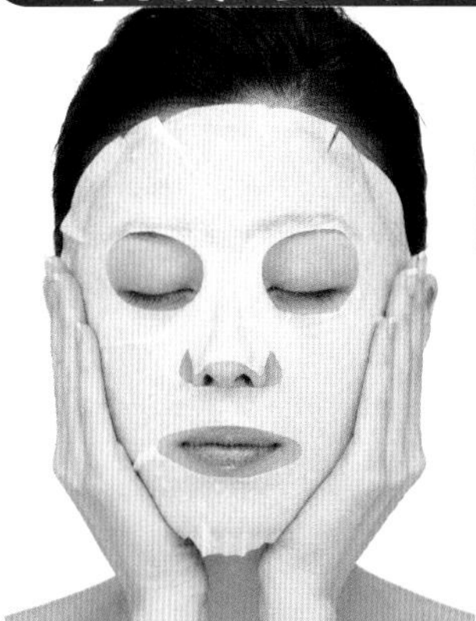

秘方1

面膜+手掌 温热好吸收！

面膜敷上后，用手掌滑动挤出空气使其更服帖，再将手掌贴住脸部约3分钟，使毛孔温热张开，更好渗透吸收。

秘方2

面膜+指压 舒缓又舒压！

敷面膜等待的同时，不妨以手指指腹点压做按摩，帮助血液更好循环，吸收更优。

秘方3

物尽其用 省下身体乳

敷完的湿布膜与装面膜的锡箔纸，不要急着丢，利用剩余精华液一次做完身体保养。

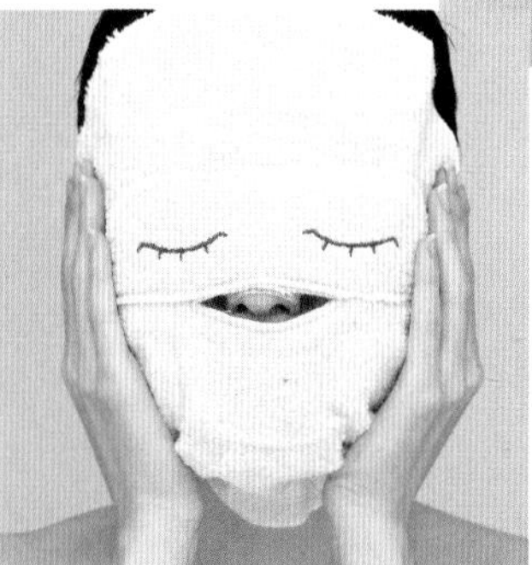

秘方4

面膜+敷面巾 不用花钱做SPA!

敷上面膜后，加盖上过温水或凉水拧干的敷面巾，帮助吸收或收敛镇定。

日本超IN!

日本美眉都在用的敷面巾，热敷可帮助新陈代谢，冷敷能镇静肌肤，鼻子处有开口设计，使用方便舒服。

光触媒冷热两用SPA面膜。

面膜部门 Take a look!

潜力新品

面膜与其他保养品最大的不同之处就在于“密闭式的保养”，借由布膜与肌肤的紧密贴合，而能让脸部一次吸收大量的保养精华，发挥最大保养功效，急救保养效果优。

好的面膜商品，服帖度一定要优，因此，各家厂牌无不积极研发提升面膜材质与服帖性，进而追求优质的成分与保养功效，优惠广大爱美的消费者！

我的美丽日记 (6片/盒)

白金面膜

引进日本的专利白金纳米原料，可减少体内自由基的数量，达到预防或减缓肌肤产生干燥、暗沉、皱纹老化。带负电位的白金纳米还能通过电力效果，吸引住肌肤中的水分，防止流失，让保湿效果更加持久。

升级版！

Dr.Satin (3片/盒)

鱼子活氧极致晶白面膜

珍贵奢华的鲑鱼子萃取，富含胜肽精华，可以活化细胞、弹力净白，并深度紧致滋润肌肤，另添加玻尿酸、胶原蛋白、PE 胎盘素等成分，能加速肌肤自然新陈代谢，预防老化，面膜精华液质地丰润细致好吸收。

成分优！

曼秀雷敦 (2片/盒)

Acnes 控油面膜

能调理皮脂分泌、维持肌肤油水平衡，有效控油，含金缕梅，能改善毛孔粗大，紧致肌肤；芦荟精华可舒缓并锁水保湿；一片可搞定控油、保湿、修护等保养，微微的柑橘香味，舒爽感十足，适合痘痘或油性肌肤使用。

控油抗痘！

凡尔赛玫瑰 (27ml)

安东妮特白金保湿面膜

一片面膜包含了满满 27ml 的美容液，并使用三层构造的密着浸透纤维，舒适服帖。添加白金微粒、皇家果冻精华、玻尿酸等保湿成分，敷面膜的同时释放出水嫩的滋润感受。美丽的包装更是令人爱不释手。

超华丽！

miss SHARK (3片/盒)

白金9胜肽美白面膜

含高效能美白成分维生素 C，与海洋五胜肽、微粒白金、九胜肽等成分，能提高保养效能，改善肌肤干燥老化问题，强效保湿，深度亮白，创造水嫩白皙的活力肤质，给肌肤完美的呵护。

美白兼抗老！

pdc Soda Salon (120ml)

碳酸亮颜泡泡面膜

日本非常热销的泡泡面膜，添加了碳酸氢钠、高丽人参精华、罗马洋甘菊精华等多种美容成分。只要敷在脸上 30 秒，就能达到按摩的效果，软化老化角质与毛孔中的粉刺，干净清洁毛孔之余，还能美白亮颜，创造晶亮无暇的透明美肌。

创新泡沫状！

屈臣氏护唇部门年度畅销 TOP5 强品

滋润度优、低敏感的护唇商品最受欢迎，经典常卖款是常胜军！

NO.1 小蜜媞 修护唇膏 (10g)

1935 年畅销至今，好莱坞明星爱用的护唇品牌，用于干裂、脱皮、冻伤的唇部，能帮助达到保湿、润泽、修护的效果，也适合于口红前打底使用，或卸妆后使用也有优异的护理滋养效果。

战力分析：

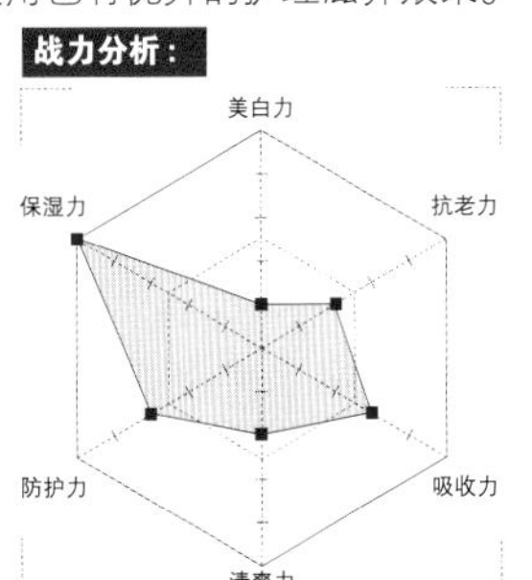

NO.2 曼秀雷敦 药用润唇膏 (3.5g)

长期畅销商品，含天然羊毛脂，可充分滋润风吹干裂的双唇；清凉的薄荷可使嘴唇常保清新舒畅；SPF15 的防晒功能，能预防唇部晒伤老化，常保双唇光彩润泽感。

战力分析：

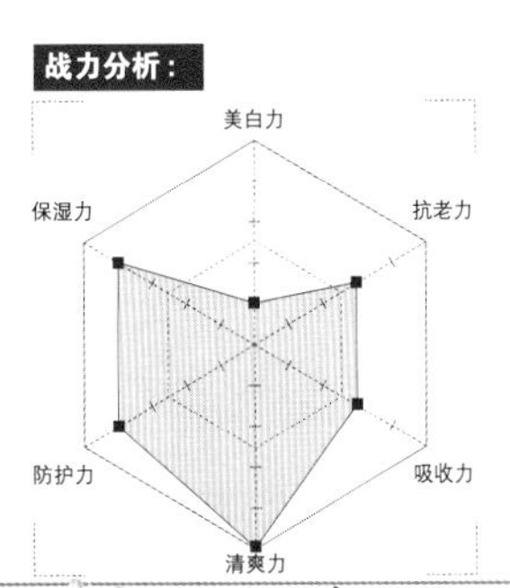

NO.3 BURT'S BEES 蜂蜜护唇膏 (4.25g)

无薄荷油配方，适合不喜欢冰凉感的人使用，添加温和保湿的香甜蜂蜜及乳油木果油、可可脂等锁水保湿成分，有效舒缓外在环境对娇嫩敏感的唇部肌肤所造成的伤害，敏感唇也适用。

战力分析：

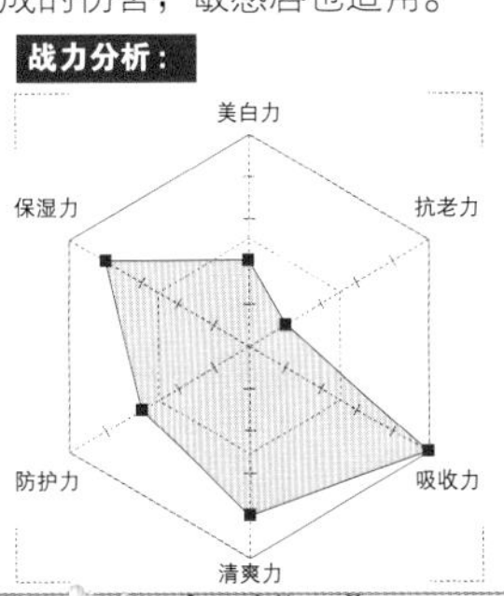

NO.4 露得清 护唇膏 (4g)

能深层滋润及保护干裂的双唇，没有蜡滑的感觉而有较佳舒适感；含防晒成分 SPF15 有效防护紫外线，使双唇不受阳光伤害而老化干燥。配方纯净天然，不含色素及香精。

战力分析：

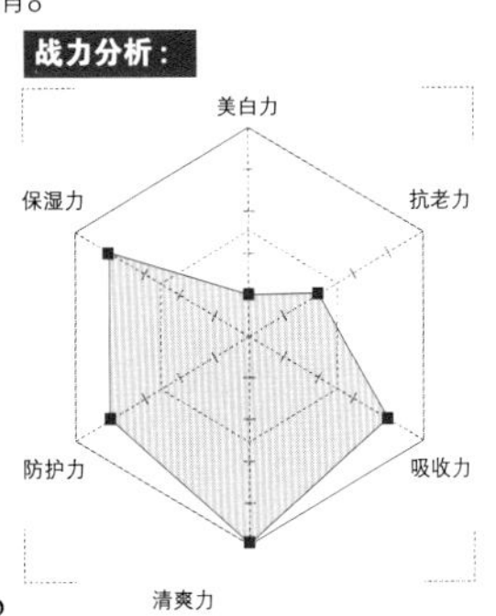

NO.5 妮维雅 极致保湿护唇膏 (4.8g)

双重锁水保湿配方，能给予双唇深度的保湿，呵护缺水的唇部肌肤，锁住表面水分，避免双唇因外界环境干燥而缺水，清爽不油腻，能帮助唇肌快速吸收，还有淡淡微凉的宜人香味。

战力分析：

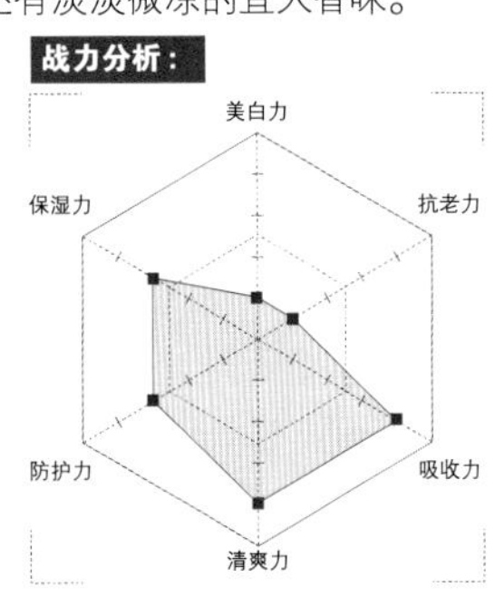

康是美
护唇部门
年度畅销TOP5强品

可爱的包装、宜人的香味、优秀的滋养效果，是热卖重点！

小蜜媞
NO.1 修护唇膏草莓口味 (4.25g)

推出草莓口味，一上市就引发热卖，不但兼具小蜜媞护唇膏原有的高保湿修护，有效预防唇部干裂脱皮，并多了一分甜蜜感，淡淡的草莓香味，让人一擦上就有香甜愉悦的好感受。

战力分析：

美白力 抗老力 吸收力 清爽力 防护力 保湿力

小甘菊
NO.2 敏感修护唇膏 (4.8g)

来自德国的人气品牌，一上市销售量就迅速攀升。相当滑顺好推的一款护唇膏，适合敏感或干燥脱皮的双唇，滋润效果很持久，瓶身造型非常可爱，擦上去有淡淡的牛奶糖香味，自然清新。

战力分析：

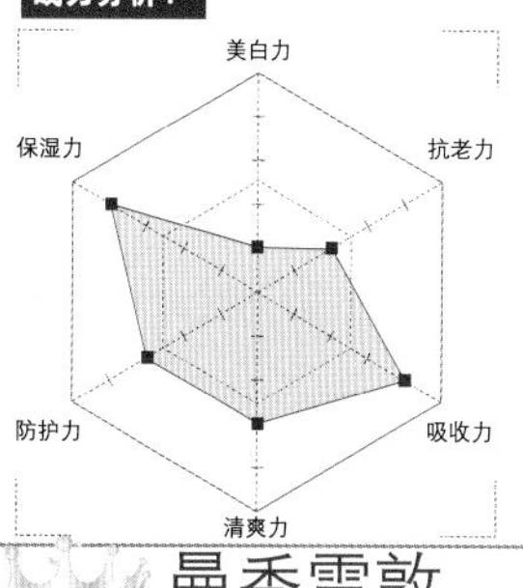

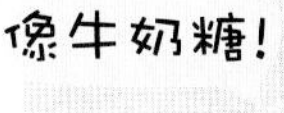

B&C
NO.3 小苹果护唇膏 (9g)

苹果造型设计，可爱诱人，令人忍不住就要掏出荷包拥有它。含苹果萃取精华、红萝卜萃取、玻尿酸，质地清爽触感滋润，能温和保护唇部，预防干燥，还有甜美苹果香。

战力分析：

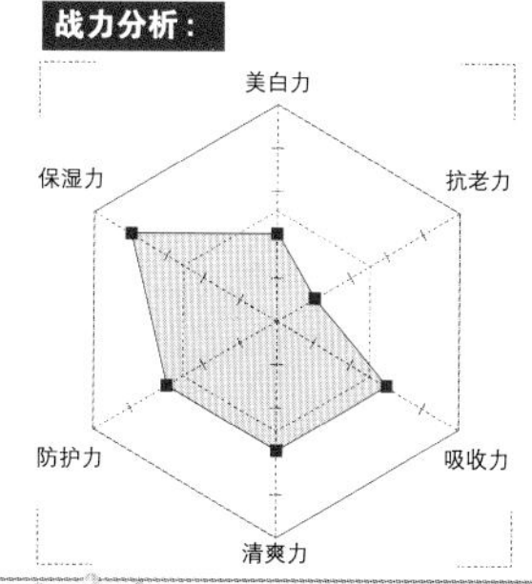

曼秀雷敦
NO.4 药用润唇膏 (3.5g)

战力分析：

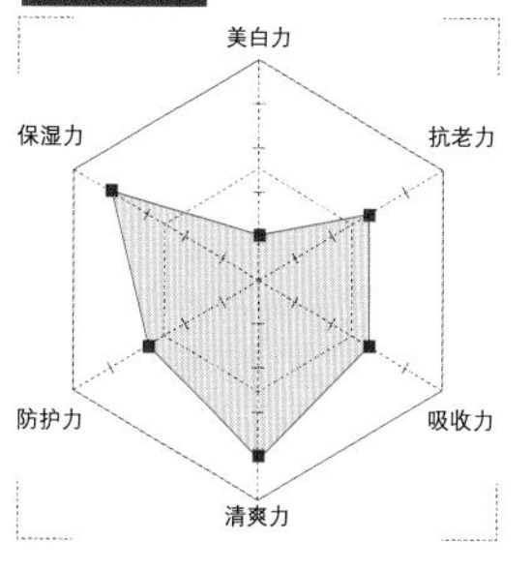

妮傲丝翠
NO.5 果酸防护唇霜 (3.9g)

含葡萄糖酸、维生素E、植物性滋润果油，还有SPF15防晒功效阻隔紫外线对唇部的伤害，能深层滋润双唇，改善唇部干裂、粗糙、脱皮等现象，还能预防唇部唇纹及色素加深与老化问题。

战力分析：

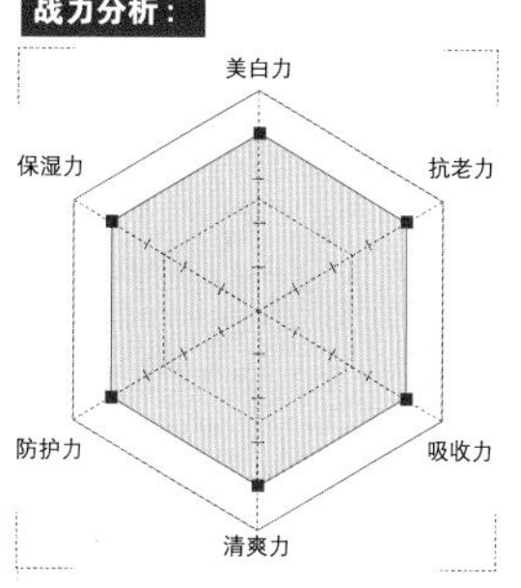

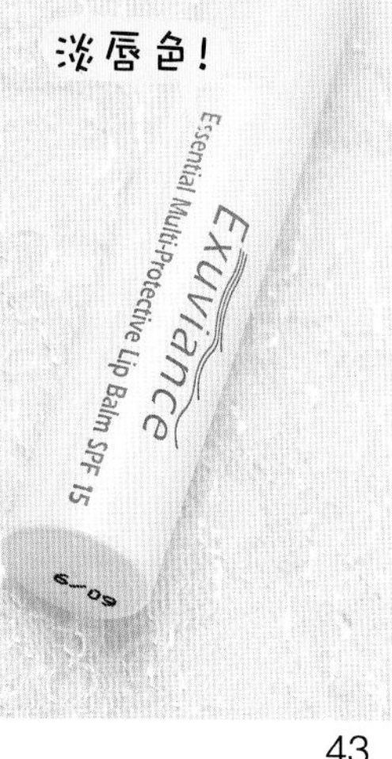

保养小教室

护唇膏是普遍被使用的消耗商品，应该也是不少美眉的保养入门品，单价低且携带方便，随手一擦即可立即帮助呵护双唇，避免冷气房的干燥或是风吹日晒的伤害。

美唇让微笑更迷人

怎么选择好的护唇膏，有以下几个重点

良好的使用感受 →	擦上后能快速吸收，没有油腻、厚厚闷闷的感觉。
持久的滋润保湿 →	长时间的保湿呵护效果，在后续上唇妆后仍能维持润泽感。
天然温和的成分 →	唇肌是很细致敏感的部位，温和成分才不会导致过敏刺激。
清新香味或光泽度 →	使用后能帮助呈现自然光泽感，没有过重过浓的香味。
含防晒隔离配方 →	紫外线照射，是唇肌老化、干裂、暗沉、细纹产生的凶手之一，建议日间的护唇可以选择具防晒系数的产品。

护唇小秘方

✻ 日间选择较清爽兼具防晒功效的护唇膏，并记得适时补擦，防晒系数介于 SPF8~15 之间即可；夜间睡前则可改用较滋润、油脂含量较高的护唇膏，涂上厚厚一层，一整晚的滋养，修护效果更好。

✻ 在上口红、唇蜜等唇妆前，先擦上一层护唇膏滋润打底，避免化妆品直接接触双唇，也能保持唇妆不易干燥脱妆，也不易产生尴尬干裂细纹。

✻ 如果有上唇妆，回家后要尽快卸妆让唇部肌肤休息，唇妆卸不干净，可能导致化妆品色素沉淀，使唇色暗沉或产生色斑，用温和的唇部卸妆液或卸妆霜最优。

✻ 减少抿嘴、咬嘴唇、舔嘴唇的次数，避免水分蒸发后反而让嘴唇变得更干。

✻ 如嘴唇出现干裂脱皮的现象，不要用蛮力撕除嘴唇皮而造成伤口，应使用护唇膏软化角质，待其自然脱落，或使用唇部专用去角质霜，搭配按摩缓缓使其剥落。

✻ 若嘴唇正处于极度干燥敏感的时期，就暂停一段时间不要上唇妆，也不要吃太刺激的食物，以免让敏感加剧。

✻ 平日应多喝水，补足充足的水分，对于淡化唇纹颇有帮助，让唇肌饱满丰润；也可多摄取蔬果或是维生素 B 族，唇肌才不会因营养不良而导致出血干裂现象。

Step by Step!

护唇关键技巧，你做对了吗？

当嘴唇开始用干裂的现象向你抗议时，你知道如何给予快速有效的急救呵护吗？跟着这样做，马上帮你唤回健康美唇！

Step 1 轻敷卸净

唇妆要先彻底卸除，用化妆棉取适量唇部卸妆液，湿敷于双唇，帮助更完整溶解彩妆色素，再轻柔擦拭，不要急着一开始就擦拭卸妆。

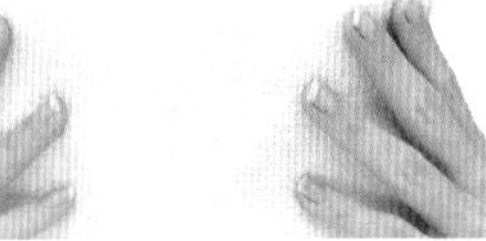

Step 2 温热擦干

卸完唇妆后，先用清水再次彻底冲净双唇后，用干净温热的毛巾擦干嘴唇，也可稍微热敷 3 分钟，促进唇肌血液循环。

Step 3 足量护唇

接着擦上厚厚一层滋润的护唇膏，如果护唇膏不够滋润，来回多擦几次即可，足量的护唇膏才能给予双唇足够的滋养修护。

Plus! 密集吸收

想要更快速密集修护受损的唇肌，可以取一段干净的保鲜膜，覆盖于擦上厚厚护唇膏的双唇上，约 5~10 分钟后取下，密封效果帮助护唇成分吸收更好。

护唇部门 Take a look! 潜力新品

护唇膏是爱漂亮的美眉人手一支的每日基础保养必需品，可爱包装设计是冲动购买的主因。但是，兼具良好的使用触感与保湿防护效果，才更能留住消费者的心，这也是护唇膏会有那么多经典万年商品，一直能在市场上受到欢迎的原因。

现在就来瞧瞧，还有哪些优质的护唇新品可能成为下一个经典商品吧！

GOOD SKIN (7 ml)

润泽滋养护唇霜

含独特的唇部修护复合成分，维生素 E、芦荟、巴西棕榈乳脂、维生素 A 等，霜状质地能立即丰润干燥的双唇，修复敏感脱皮的唇肌，提供深层保湿与防护，敏感唇肌也适用。

很丰润！

施巴 (4.8g)

润泽护唇膏

高防晒！

SPF30 的高防晒，更能全面保护双唇抵制紫外线的伤害并预防环境因素所造成唇部刺激、干燥与唇色暗沉。含维生素 E、甘菊露、荷荷芭油、米糠油等成分，能深层润泽并舒缓干裂与敏感双唇，恢复水样柔嫩唇肌。

OraLabs (4.25g)

欧博士光泽滋润护唇膏

超口碑！

在光泽度、滋润度、持久度、舒适度方面，都有极高的口碑评价，也是许多艺人的爱用推荐款，除了滋润修护外，还能防晒、隔离彩妆，适合唇妆前使用，能避免阳光或彩妆对双唇可能造成的伤害。

Barbie (2.5g)

轻漾唇蜜冻

果冻般的鲜艳色彩，有四色可选择，含天然矿物油和蜂蜡的保湿滋润成分，还有淡淡水果香味与亮光珍珠，可护唇亦兼具彩妆妆效，让双唇水嫩香甜，果冻状质地能闪耀出果冻感光泽。

超梦幻！

JUJU (7g)

透明质酸保湿护唇霜

优越的高保湿力，改善唇部敏感干燥情况，让双唇保水并透出自然光泽。健康的弱酸性，不添加香料、色素、酒精，成分温和不刺激，使用起来十分清润柔滑，让双唇舒适无负担。

超温和！

Kose (3.3g)

甜心飞吻晶润护唇膏

亮晶晶！

添加玫瑰花蒂油的植物性保湿成分，能给予干燥龟裂的唇部肌肤充分的水嫩润泽，兼具唇蜜的光泽效果，能使唇部饱满又晶亮，亦可当做唇彩前的妆底使用，甜甜果香调的蜜桃玫瑰香味，擦上超诱人。

屈臣氏防晒隔离部门

年度畅销TOP5强品

户外型、高系数防晒，屈臣氏反应佳！

NO.1 碧柔

高防晒乳液 SPF48 (50ml)

很清爽！

能有效且长时间隔离紫外线UVA与UVB，清爽不黏腻，具有防水抗汗的效果。特殊防晒爽肤柔粉，让长时间防晒更清爽，适合户外活动或游泳使用，持续防晒，预防肌肤晒红、变黑或老化。

战力分析：

美白力
控油力
保湿力
清爽力
抗老力
吸收力

NO.2 蒂芬妮亚

艳阳净透防晒乳 SPF48 (60ml)

防护优！

隔离紫外线延长耐晒时间，防护效果非常优异，避免肌肤晒伤、晒黑、老化、失去弹性。添加抗汗配方，适合长时间的户外运动。清透滋润的使用触感，不会带给肌肤厚重油腻感。

战力分析：

美白力
控油力
保湿力
清爽力
抗老力
吸收力

NO.3 露得清

沁凉无感身体防晒喷雾 SPF30(141.5g)

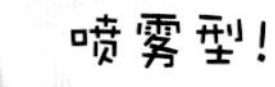

特殊沁凉清爽配方，含天然薄荷萃取物与保湿因子，能瞬间冰镇，舒缓肌肤。便利喷雾设计可快速使用，不用再揉擦，不沾手，超快形成防护且不阻塞毛孔，防水防汗效果优。

战力分析：

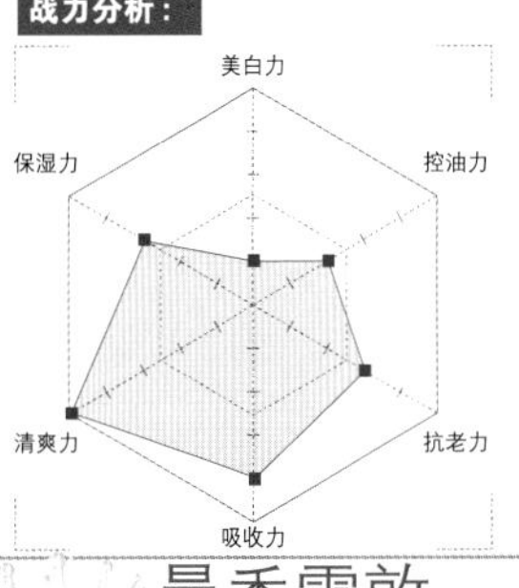

NO.4 妮维雅

防晒净白乳液 SPF30 PA++ (75ml)

具有净白功效的甘草精华，让因日晒而暗沉的肌肤净白明亮。帮助阻断强烈紫外线，能提供长时间保湿，预防肌肤因晒伤或干燥而提早老化。防水防汗，清爽不黏腻，不会残留白色痕迹。

战力分析：

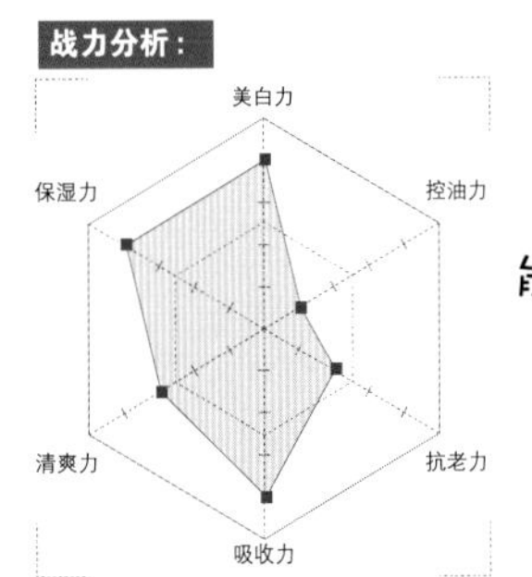

能净白！

NO.5 曼秀雷敦

SUN PLAY 防晒乳液户外玩乐型 SPF50 (35g)

户外型！

SPF50与PA++的高防晒系数，防护效果最优，最适合上山下海及运动等户外活动时使用，温和成分低刺激，能长效防晒，使用后无白色残留，肌肤感觉清爽，不会有厚重的黏腻负担感。

战力分析：

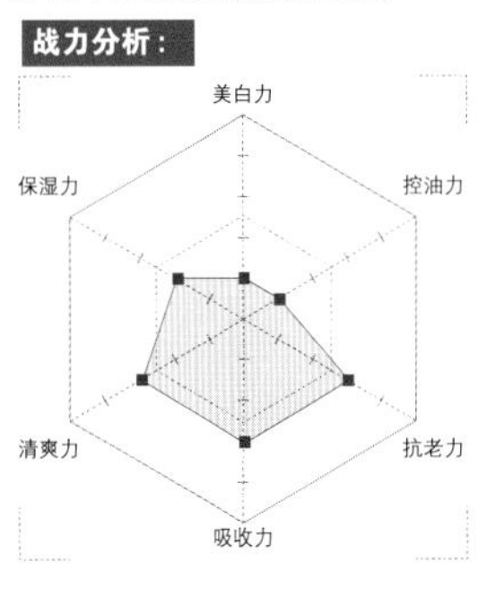

NO.1 宠爱之名

防晒隔离霜柔肤色
(30ml)

白茅萃取＋玫瑰果油，能净白淡斑、持久保湿；褐藻＋绿茶萃取，调节代谢，促进细胞活性，抗自由基。防晒、隔离、保湿、亮白、修护、镇静、舒缓、抗老，一瓶搞定。适合都会型防晒！

战力分析：

美白力　控油力　抗老力　吸收力　清爽力　保湿力

NO.2 Dr.Wu

RS 抗氧美白防晒霜 SPF35 PA+++
(50ml)

防晒、抗氧、美白三效合一，多功能清爽型日用防晒霜，含最新宽频防晒成分，减少外在环境因子对肌肤的伤害，富勒烯与维生素 C 衍生物 MAP，可强效抗氧抗老、持续美白。

战力分析：

美白力　控油力　抗老力　吸收力　清爽力　保湿力

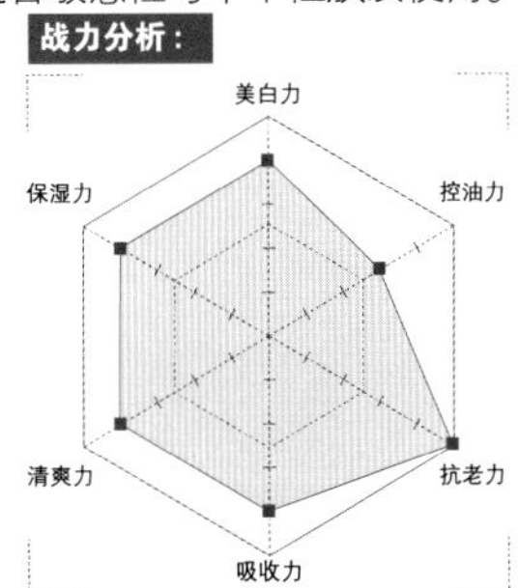

NO.3 妮傲丝翠

果酸柔肤防护乳液 SPF15
(50ml)

特殊果酸配方，质地轻盈细腻，能迅速被肌肤吸收，可改善细纹与皱纹，淡化黑色素，强化肌肤结构与弹性，提升抵抗力，恢复肌肤健康与光泽，温和安全，适合敏感性与中干性肤质使用。

战力分析：

美白力　控油力　抗老力　吸收力　清爽力　保湿力

NO.4 曼秀雷敦

水凝清爽防晒露 SPF50 PA++
(100ml)

如水一般透明凝露型，清凉薄透，不黏腻，无白色残留，给予肌肤轻柔舒爽的日用防晒感受，高效保水因子有良好的锁水功能，避免日晒干燥。胡萝卜精华，能增加肌肤弹性与光泽。

战力分析：

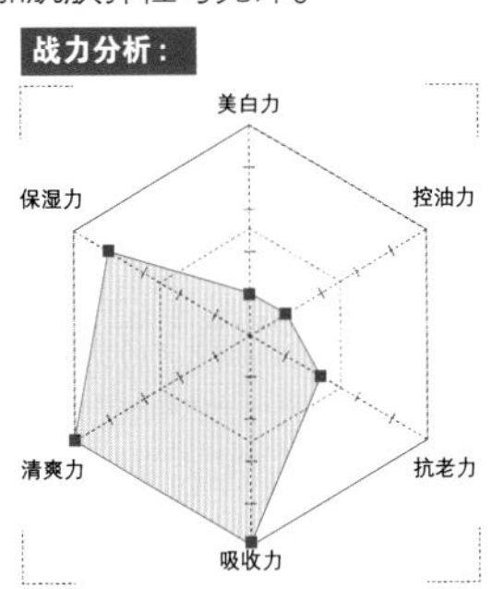

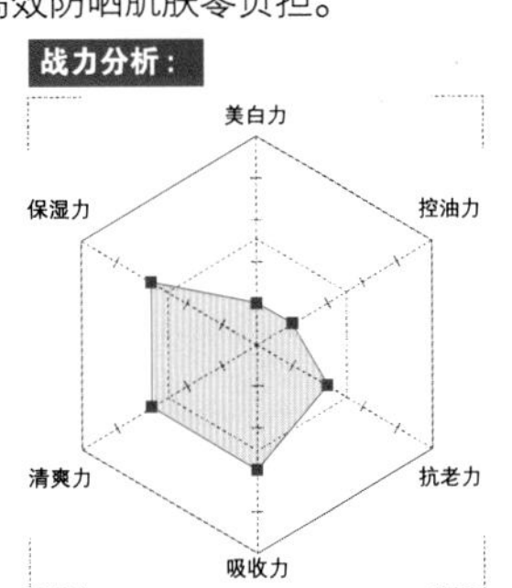

NO.5 露得清

轻透无感防晒乳 SPF 55 PA+++
(88ml)

清爽肤触配方，创造清透干爽的使用感受，防水防汗。全效隔光科技，能全方位长效隔离紫外线 UVA 与 UVB，预防晒伤，更彻底防晒黑，薄透、不黏腻、好吸收，高效防晒肌肤零负担。

战力分析：

美白力　控油力　抗老力　吸收力　清爽力　保湿力

保养小教室 防晒 为美白抗老之母

防晒隔离的重要

预防重于治疗的观念大家都晓得，运用在保养的领域上，防晒就是保养工作中最关键的预防动作。现代社会空气质量差、污染严重、紫外线强烈，罹患皮肤癌概率越来越高，阳光下没有适当的保护，会导致晒斑和皱纹老化提早来临，因此防晒功夫马虎不得！确实做好防晒遮阳的工作，可以有效防止肌肤因日晒变黑、老化、斑点、干燥、发炎等，几乎所有肌肤问题都与防晒隔离息息相关。

隔离是防晒概念延伸的功能名词，主要是隔离紫外线、隔绝空气中脏污粉尘以及彩妆品对肌肤的伤害。现在几乎大部分的防晒品，在产品设计上都可以兼做妆前隔离乳使用，甚至还有润色型可以取代粉底，一瓶抵三瓶，简单又经济，不论对肌肤、对荷包，都不会造成负担啦！

防晒系数是什么？

防晒隔离产品上通常可以看到 SPF 和 PA 两种系数表示，SPF 是指对紫外线 B 波 (UVB) 的防御能力；PA 是指对紫外线 A 波 (UVA) 的防御能力。UVB 会引发皮肤红肿、发炎、变黑、色素沉淀；UVA 会破坏皮肤的弹性，加速老化，使皮肤暗沉，失去光泽。

SPF 是指延长肌肤在阳光下不被晒红的时间的倍数，数字越大代表防护时效越长，譬如，如果曝晒在紫外线下 10 分钟会被太阳晒红，涂抹上 SPF30 的防晒品，就会延长成 10 分钟的 30 倍，即 300 分钟后才会被晒红。

PA 指的是阻隔 UVA 的程度，以“+”表示，“+”愈多表示防护效果愈强，所以“+++”是最不容易被晒黑的系数。

防晒隔离商品怎么选？

现在的防晒商品功能越来越强，质地也越来越多，除了最普遍的乳液状、乳霜状，还有油状、凝胶状、摩丝状、喷雾状，现在连防晒化妆水都有了。

质地的选择上，以肤质区分，油性肌肤可用较为清爽的凝胶、摩丝、液状或喷雾型，选择无油、无致痘性配方较不易造成青春痘或是粉刺；干燥肌则选择较滋润的乳液、乳霜，或防晒油，添加保湿滋养成分更优。

系数的高低选择，关系着防护程度的高低，相对的也会多少影响使用的触感，高系数防晒效果优，但也较容易增加肌肤负担，其实没有一瓶防晒品可以完全避免晒黑，再高的系数也无法达到百分之百防晒，如非长时间户外活动曝晒阳光下，一般 SPF15~30 就很够用了。尤其是油性肌肤，与其钻牛角尖在系数高低与清爽度之间，不如选择清爽且系数适中的防晒品，勤劳补擦即可。

室内也要做防晒，因为紫外线 UVA 会穿玻璃、建筑物、衣服，所以室内的防晒系数可以选择 SPF 较低 (SPF15~25)，但 PA 值较高的防晒品；一般短时间的曝晒，选择 SPF25~35 即可，若是长时间的户外活动，就要挑选 SPF50 以上、PA+++ 的防晒品，有防水抗汗功能最佳哦！

Step by Step! 防晒隔离怎么用？

- 基础保养、上妆前使用。
- 出门半小时前涂抹。使用要足量。
- 勤补擦，尤其流汗后一定要补擦。
- 搭配长袖、洋伞、帽子、太阳眼镜，防晒更优。
- 使用防水防汗的防晒隔离品，要做好卸妆工作。

Step 1 足量防晒乳

挤出适量防晒隔离品于干净的手上，用量要足够，才能全脸都完整防护。

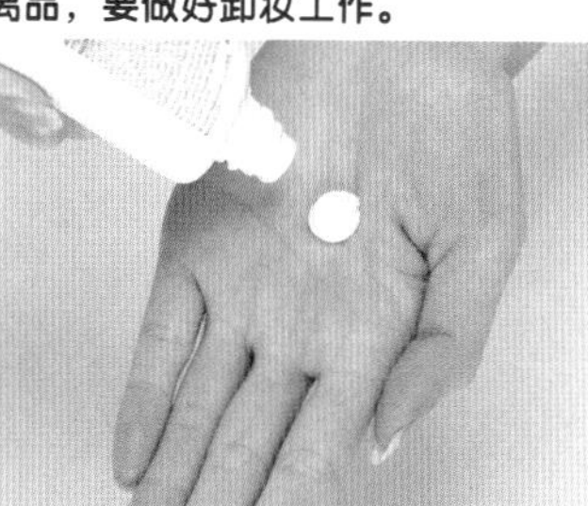

Step 2 分区涂抹

以指腹沾取适量防晒隔离品，分区沾点涂抹于脸部。

Step 3 轻柔推匀

用轻柔的力道，缓缓推开防晒隔离乳于全脸肌肤，使其均匀吸收。

NG! 不要太用力

很多人因为早晨出门赶时间，擦防晒的时候，往往很急躁地用力涂擦，长久下来容易拉扯伤害肌肤，耐心轻柔地擦也能更完整均匀哦。

防晒隔离部门 Take a look!

潜力新品

受欢迎的防晒隔离商品，除了要抵挡紫外线与环境污染对皮肤的伤害，更要兼具因日晒造成的干燥或防晒品过度黏腻导致出油的体贴功效。

因此，只有防晒防护效果还不够，还要能兼顾保湿控油平衡，维持肌肤清新的使用肤触，如果还具有其他功能性的保养就更优了。

现在的防晒隔离新品，可是越来越厉害了，质地越来越多变化，功能也越来越提升哦!

EVITA (50ml)

艾薇塔美白高效防晒液

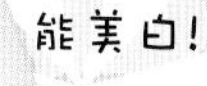

含维生素C、维生素E、蜂王乳、胶原蛋白、薏仁精华液等，是一款具有美白效果的高保湿防晒品,SPF50与PA+++的高系数，能长时间抵挡强烈紫外线，预防黑斑、雀斑因日晒滋长或变黑扩大，更能滋润保养干燥的肌肤，亦适合作妆前隔离使用。

BRTC (40ml)

防晒修饰乳

SPF46 PA++

能抗老!

兼具隔离霜功能的保养防晒乳，防晒效果能长达11小时，有效形成皮肤保护膜，双重隔绝UVA和UVB。玄米+绿茶+蒲公英等基础成分，能延缓肌肤老化，同时修护肌肤并加强补水机能；桑白皮、甘草萃取等，使肌肤更健康透亮。亲肤效果优，舒爽不黏腻，服帖度高。

NOV (30g)

娜芙防晒隔离饰底乳SPF31 PA++

敏感用!

防晒、隔离、修护、修饰肤色，四合一功效。含天然鲛鲨烷，可保湿修护肌肤；天然蜂蜡，可舒缓发炎泛红，修饰黑眼圈与肤色暗沉，可作为提升亮度的调色粉底乳，质地清透，使用后不易产生粉刺面疱，肌肤无负担，敏感与问题肌肤也适用。

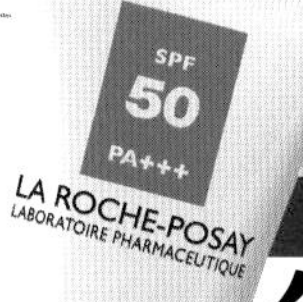

理肤泉 (30 ml)

全护脸部清爽防晒液SPF50润色配方

可润色!

极度清爽质地，适合夏季或油性肌肤使用，高效UV防护，预防斑点、色素沉淀、细纹产生与光老化现象。能持久保湿，不会造成出油及泛白，含理肤泉温泉水与微量元素硒，强化皮肤防御能力，对抗自由基。还可当粉底用。

妮维雅 (30ml)

防晒保湿水乳液SPF50 PA++

配方升级，添加玻尿酸，能高效防晒+保湿，锁住肌肤水分，避免晒后肌肤干燥；并提供长时间防护，彻底隔绝强烈紫外线，预防日晒造成的黑斑、斑点、晒斑。清爽的水乳液质地，能瞬间吸收，轻薄不黏腻，更可直接当做脸部妆前隔离使用。

升级版!

玛奇亚米 (65g)

全效UV泡沫隔离露SPF30 PA+++

泡沫状!

轻柔的空气泡沫质地，好推好吸收，能修饰肤色，于妆前隔离打底，轻轻一推即可快速上妆，使妆感透亮服帖。并有效阻挡紫外线UVA、UVB的伤害，预防肌肤晒伤、晒黑；水解丝蛋白成分能调理肌肤油脂平衡；海洋胶原蛋白、银杏、甘菊萃取等有助于保湿抗氧化。

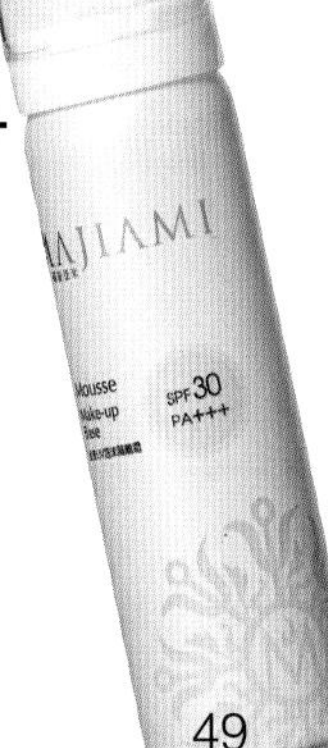

Part 2 荷包保卫战：不用抢百货公司特惠组了！

500以下 Make Up
600以下 Skin Care

梦幻组合出列！

爱美也爱惜荷包的你，
还在为了百货公司特惠组抢破头吗？
再也不用这么辛苦了！
达人推荐口碑开架与医学美容品，
各种肤质、各种妆容
都实用的超省钱梦幻产品组合，一次满足你！
怎么选？怎么用？
彩妆保养关键秘籍一次教会你！
只要技巧对了，即使不用最贵的产品，
也能创造漂亮美肌！

Point Step!
So Easy!Go!

最想要的9大人气妆容

- 心机裸妆
- 清新通学妆
- 气质名媛妆
- 粉嫩恋爱妆
- 偷心恶魔妆
- 利落上班妆
- 大眼娃娃妆
- 闪耀Party妆
- 时尚烟熏妆

彩妆达人

游丝棋

ELLE Style Awards风格人物大赏最佳年度彩妆师，合作过的艺人有:孙芸芸、贾永婕、天心、张韶涵等，也是众多彩妆品牌的专案彩妆师。作品广布于平面杂志、电视节目、广告、化妆品发表会等。干净且带有强烈时尚感是她的彩妆风格，擅长观察一个人五官特质，并做出最大的特色表现。此外，还积极推广彩妆教育工作，提携后辈。

教你500元以下搞定完美妆效

心机裸妆

干净、无瑕、薄透，看起来就像没化妆一样。巧妙且不着痕迹地让五官更立体，完美遮瑕是关键！

洋装/chereaux

就用这些，打造心机裸妆！

选 裸色系唇彩

Kiss Me
花漾美肌珠光唇蜜(#3璀璨裸金)

添加蜂王乳、蜂蜜、洋甘菊、野玫瑰等精华能滋润唇部，刮勺式设计，沾附性高可均匀涂抹；淡淡的金黄光泽能辉映完美底妆，展现出好气色。

选 一瓶胜多瓶粉底

L'OREAL
完美吻肤亲肌系晶矿蜜粉底

结合蜜粉与粉底，蜜粉推开后却像液状粉底般，延展性高、很好推匀；纯天然矿物粉粒，敏感性肌肤也适用，添加维生素E与芦荟叶萃取，还能加强保湿，服帖不脱妆。

选 微珠光亮色修容品

INTEGRATE
光彩修容蜜粉(VI100)

具光泽的调和色与闪亮的珍珠色，用于全脸能调整暗沉肤色，营造透明感肌肤，或用于T字打亮与眼部打亮，加深脸部立体感。

选 保湿的膏状遮瑕品

ZA
陶瓷娃娃遮瑕蜜

含维生素E能长时间滋润肌肤，细致好推，遮瑕部位不会有尴尬的块状干裂，能平整地遮盖黑斑、黑眼圈及痘疤色素沉淀等部位。

心机裸妆 完美妆容关键技巧

Point 放大看！GO!

想要轻松画出漂亮的裸妆，重点在底妆、遮瑕及修容，呈现肤色均匀的无瑕感与轮廓清楚的立体感，是成功的关键哦！

粉底兼蜜粉！

POINT A 完整底妆

全脸与脖子兼顾，使肤色一致！

1 均匀打底

使用蜜粉底扑于全脸，粉量需全脸均匀且用量要足够，再用手指辅助推匀粉底。

2 加强外围

对于底妆最常被忽略的脸部侧边外围，也要完整打底，并延伸至脖子，颜色才会自然一致。

多功能遮瑕！

POINT B 盖黑眼圈

少量多次的轻点，避免厚重感！

1 沾点遮瑕膏

用指尖取适量遮瑕膏，轻轻地在眼周暗沉或黑眼圈部位，点上3～4个点。

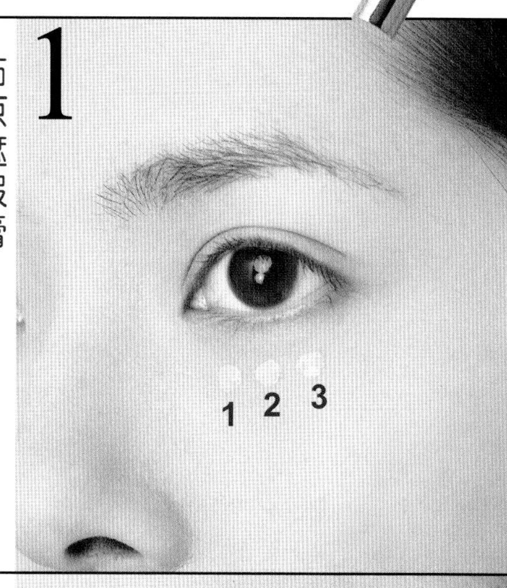

2 指腹推开

以指腹由内向外，均匀推开，力道要轻才不会产生细纹，范围比黑眼圈稍宽一些。

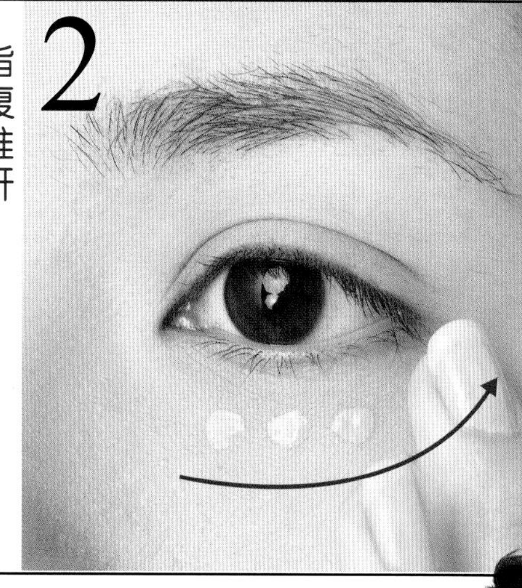

Q 遮瑕效果总是不持久，怎么办？

皮肤太干或是出油太多都容易导致遮瑕脱妆不持久，干性肌肤上妆前建议先使用保湿乳液；油性肌肤则要挑选无油粉底，眼周部位太干也容易出现不好看的细纹，可以先上无油眼霜打底滋润。遮瑕膏也避免选太过油腻或太粗干的，质地细致延展性高的产品才能帮助延长遮瑕效果。

最佳程序是在上完粉底后，再一一针对**黑眼圈**、**斑点**、**痘疤**、**鼻翼**、**嘴角**等暗沉瑕疵部位重点遮瑕，最后再拍蜜粉或粉饼轻压定妆，其作用在于能将遮瑕膏紧紧锁住，避免脱妆。若是已经脱妆，就以面纸按压吸油后，再重复遮瑕与蜜粉定妆的动作。

丝棋老师上课啦！

很多人以为裸妆等于淡妆，其实不然，裸妆的重点并不是指画少少的妆轻描带过，而是即使用了很多彩妆，但也要看起来像没化妆一样。首先运用打底与遮瑕技术让脸上看起来白净无瑕，然后必须在“不能有明显色彩”的前提下，让五官轮廓看起来更立体，方法就是在T字部位、眉骨、颧骨处打上high light。

建议上妆前使用保湿产品，加强妆效服帖，避免脱妆的不自然感。另外，脖子也要记得补上粉底，否则脸与脖子不同颜色可就破功啦！

如果脸部轮廓不深的人，还想要更加强立体感，可再试着使用大地色系眼影打在眼窝处，让眼睛看起来更深邃；或是上一点腮红修容，不但能让气色变好，轮廓也会更突显，切记颜色要淡才不会破坏裸妆质感哦！

POINT C 嘴角遮瑕

遮掉唇边暗沉，更显立体感！

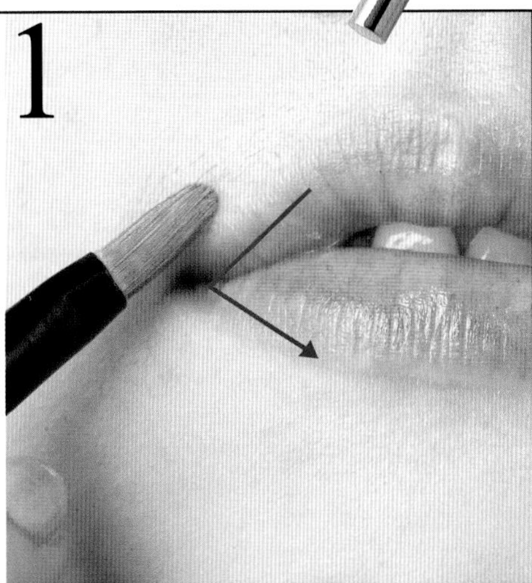

1 笔刷涂抹

嘴角的暗沉部位较小，可以使用遮瑕笔刷来辅助涂抹遮瑕膏，呈く字形方式涂擦。

2 指腹按压

以指腹轻点按压或推晕开，使遮瑕膏更平整服帖，顺便带走多余的遮瑕膏。

POINT D T字打亮

还可当腮红！

提升肤色明亮度，突显轮廓！

1 额头、眉骨打亮

额头容易暗沉，混合两色刷于额头与眉间，眉骨部则可使用浅色打亮。

2 鼻子刷亮

眉间延续由上而下刷亮鼻梁部位，带淡淡珠光的high light能呈现光泽感并在视觉上消弭粗大毛孔。

Q 饰底乳、遮瑕膏和粉底的颜色怎么选呢？

A

饰底乳的部分：

1.一般肤色或偏暗沉的肌肤可选用黄色系。

2.肌肤较白皙或是偏黄，可用浅紫色。

3.容易泛红的肌肤，就用绿色来平衡调整。

遮瑕膏的部分：

遮瑕膏最普遍实用的颜色是黄色，也是最适合东方人肤色的首选。更仔细的挑选原则是比自身的肤色稍浅一点点，或是比你的粉底浅一号的颜色。

粉底的部分：

基本上最好的底妆颜色就是最接近自己肤色的颜色，千万不要为了追求白皙，而把脸涂得惨白不自然。在药妆店试用颜色时，要到光线比较亮的地方仔细端详，比较准确哦！

清新通学妆

简单的重点修饰，淡雅的妆效。
清爽靓丽，透出不造作的青春气息。

衬衫/Zax

就用这些，打造清新通学妆！

选 润色的隔离防晒品

Biore
碧柔防晒润色隔离乳液SPF30 PA++

润色配方能修饰暗沉与蜡黄，淡妆时可代替粉底使用，防晒兼具隔离效果，质地清爽，添加皮脂吸收粉末能防止出油及脱妆。

选 防水纤长睫毛膏

MAJOLICA MAJORCA
超激魔法纤长睫毛膏第二代(BK999)

日本超人气，特殊的刷头设计加上增量纤维与浓密配方，第二代能让睫毛更加浓密纤长，防水配方让妆效更持久。

选 深浅色兼具的眼影盘

KATE
魅彩眼影盒(BR-3)

药妆店超级热卖的一款眼影盒，实用且漂亮的颜色搭配，能同时当眼线或眼影使用，细致的珠光让眼部闪耀有光泽感。

选 透明淡色系唇蜜

ZA
光透感唇蜜(G1)

淡淡的透明色带有细致珠光，能营造双唇自然的水润光泽，衬托肤色让气色变好，含维生素E还能滋养保护唇部。

选 附眉刷的眉笔

INTEGRATE
绝对有型眉笔

旋转式的眉笔设计，使用方便；软质的笔芯好画易上手，不易脱色晕染；尾端附眉刷能辅助刷整眉毛。

选 控油防汗的蜜粉

PALGANTONG MAKE-UP
剧场魔匠面具蜜粉(LB浅肤色)

长效防水防汗，并含控油成分能吸附出油现象，使脸部不易泛油光，粉质细致，其超微粒子能修饰毛孔，使肌肤看起来光滑透明。

清新通学妆 完美妆容关键技巧

Point 放大看！GO！

自然的学生妆，重点在于不要使用过度夸张颜色，用简单、多功能的商品，代替繁杂的程序，达到最大的修饰效果，就可以轻松完妆哦！

POINT A 修饰肤色

粉底兼隔离！

一次完成防晒、隔离、底妆！

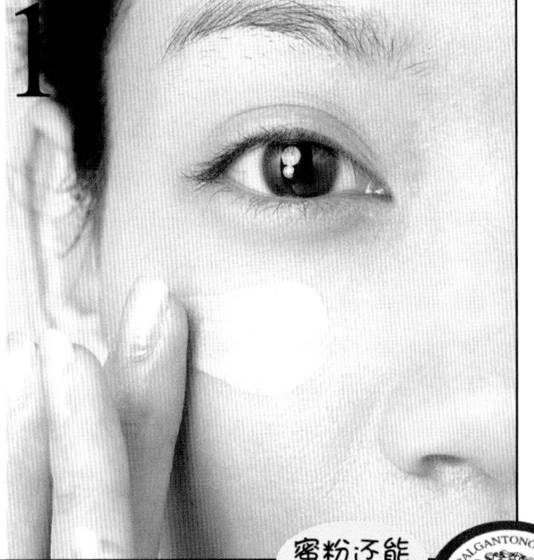

1 防晒隔离

妆前涂抹防晒隔离商品，选择有润色效果的能代替粉底，一物多用，简单也经济。

2 蜜粉定妆

均匀扑上蜜粉，修饰暗沉肤色更有精神，年轻肌肤较易出油，蜜粉也能抑制油光。

POINT B 梳画眉形

附眉刷超实用！

简单眉妆能使脸更立体！

1 眉笔上色

先由眉峰朝眉尾描绘线条，不要用力一笔画下，要用轻轻重叠式的画法，最后补强眉毛中段与眉头。

2 刷整眉毛

用眉刷由下往上将眉毛梳顺不杂乱，也帮助刷晕出眉色自然感，而不会有明显的线条。

Q 眉毛到底要怎么修整？怎样的眉形才好看？

A 不同时代有着不同的眉形流行，以前流行细眉，而现在自然的粗眉又回到主流，不过无论你喜欢细眉还是粗眉，原本的眉形还是最好的参考。好看的眉毛不变的原则还是干净整齐为主，眉上、眉间、眼窝等处的杂毛要养成经常修整的习惯。

眉毛上下较粗的杂毛建议用拔的，眉间、眼窝与太阳穴部位的细小汗毛则可使用修眉刀剃除，若是眉毛太长超出眉形范围就用剪除的方式。

一般来说，眉形要好看就要有清楚的眉峰，眉峰应该落在整个眉毛的四分之三处接近眉尾的部分，整体呈现漂亮的飞字形的眉毛，还具有拉长脸形、修饰圆脸的视觉效果哦！

丝棋老师上课啦！

学生美眉化妆时，有时容易太过夸张或过于成熟老气，建议重点修饰的淡妆才能够展现学生青春活力的气息。

通学的美眉们，经常在外行走，防晒一定要做好哦！预算有限的话，一举两得的彩妆选购方式最省钱又实用，譬如，可以选择润色的防晒或是有防晒系数的粉底，还要挑选一盒深浅色眼影盒，眼线眼影双用。

另外，控油的蜜粉也不可少，年轻肌最扰人的油光满面就可以解决了。最后，选一支淡雅的唇蜜或是有润色效果的护唇膏，就可以让你看起来精神满分啦！

眼线兼眼影！

POINT C 眼线眼影

眼线、眼影 一盒搞定！

1 深色画眼线

用较细一头的眼影棒沾取深色眼影A，代替眼线笔，描画于眼褶处，创造自然深邃眼线效果。

2 浅色打眼窝

再用较粗一头海绵棒沾取浅色眼影B，打在整个眼窝处，突显眼部明亮感。

还能滋润双唇！

POINT D 唇蜜上色

淡淡唇采呈现自然好气色！

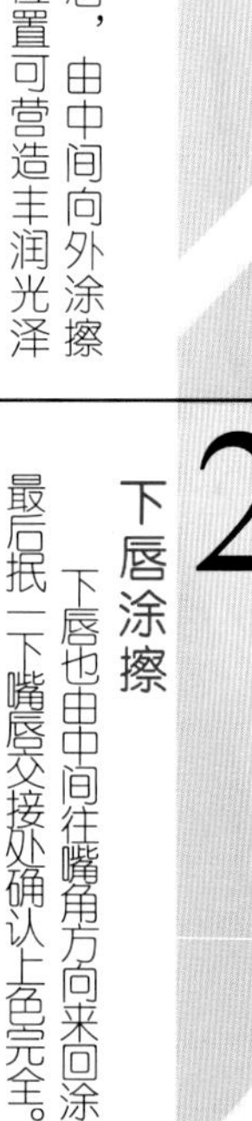

1 加强唇峰

沾取适量唇蜜后，由中间向外涂擦至嘴角，加强唇峰位置可营造丰润光泽嘟唇感。

2 下唇涂擦

下唇也由中间往嘴角方向来回涂擦，最后抵一下嘴唇交接处确认上色完全。

Q 用深色眼影代替眼线的画法重点是什么？

A 用深色眼影代替眼线，因为画出来没有太明显的线条，所以效果比一般眼线笔来得柔和自然，是一种简单可快速增加眼部轮廓使眼睛有神的画法，一物能二用，很适合学生或是喜欢自然妆感的人。

画法重点是要干净，切记描绘的线条不可以过粗，否则会很像是擦了很深的眼影看起来脏脏的。另外就是要反复沾点眼影，以短距相接的方式点压上色，颜色才会饱满完整。

气质名媛妆

白皙肤色透出娇嫩大小姐风采。画上紫色系眼妆让你的气质更出众吧！

洋装/bait

就用这些，打造气质名媛妆！

选 珠光感浅紫色蜜粉

CINEORA
紫醉睛迷 魔法光蜜粉饼(魅紫色)

适合东方人肤色，粉质微细，紫色珍珠般的光泽，能折射光线使轮廓看起来更立体，还能修饰暗沉、泛红、瑕疵，让肌肤更显白皙透明。

选 紫色系眼影盒

Media
媚点 金亮眼影盒(PU-1)

微粒子珠光不会过度闪耀却能带出眼部光泽，三色渐层眼影能创造优雅立体感的双眸，最浅色还可用来打亮眼头与眉骨。

选 粉色调晶亮感唇蜜

L'oreal
心光魔灿唇彩(110)

有裸唇感又不失闪耀光泽的粉色系唇蜜，最适合衬托出名媛妆感，独特心形刷头能饱满蓄色，不需重复涂抹，让补妆也能很优雅。

选 纤长型的睫毛膏

Dejavu Fiberwig
魔法纤长睫毛膏

气质型的纤长睫毛，才符合名媛的形象，薄膜配方有别于一般睫毛膏，能使睫毛漆黑明亮；防水、防油配方，可以避免尴尬的熊猫眼。

选 唇部遮瑕打底产品

CANMAKE
美唇基底膏

擦唇蜜或口红前使用，让唇色接近皮肤，淡化暗斑与唇纹，帮助唇彩更显色，具有滋润效果保护唇部肌肤不干燥。

选 紫色眼线笔

MAYBELLINE
超能持久眼线笔

紫色的眼线能呼应紫色的渐层眼妆，显色度高且笔芯软硬适中，好画顺手让妆效更加分。

气质名媛妆 完美妆容关键技巧

Point 放大看！GO！

名媛的优雅娇嫩形象，首重白皙透明感的肤色，其次是不纠结不夸张的纤长睫毛，还有能呼应白皙肤色的无瑕美唇，再用紫色系眼妆让眼神更有魅力。

晕画还能当眼影！

POINT A 紫色眼线

紫色眼线较有柔和感！

1 画上眼线

使用比眼影颜色更深的紫色眼线笔，沿着睫毛根部，描绘出细长上眼线。

眼影兼眼线！

2 画下眼线

改用细头眼影棒沾取深紫色眼影A，从眼尾开始，由宽变细，描绘至接近眼头处。

眼影兼打亮！

POINT B 渐层眼影

画出深浅色对比渐层效果！

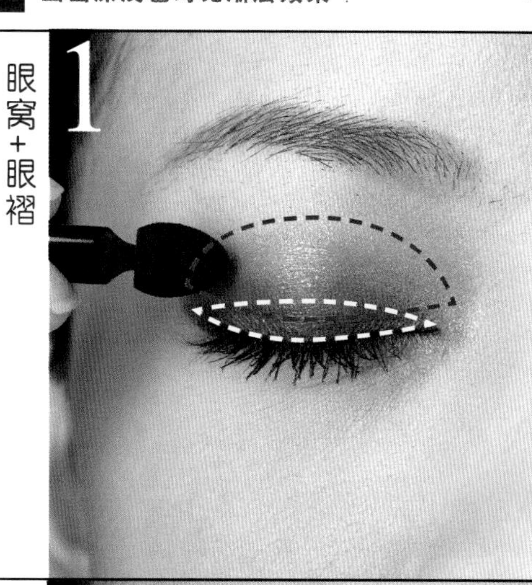

1 眼窝+眼褶

使用眼影棒沾取淡紫色B晕满整个眼窝，再用深紫色A加强涂画于眼褶处。

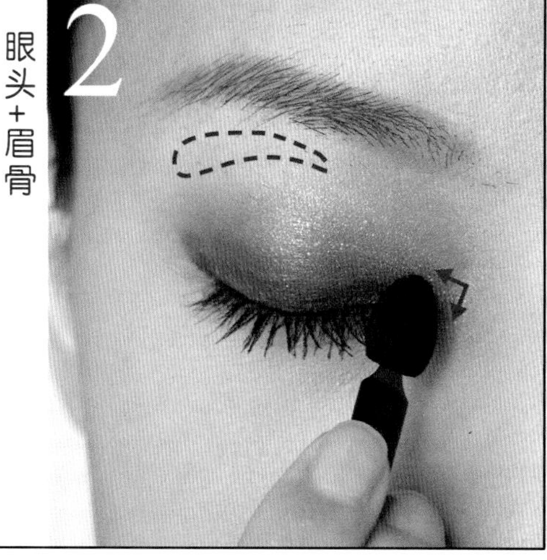

2 眼头+眉骨

用最浅的C色，用く字形画法打亮眼头，再打亮眉毛下方眉骨处，眼部更立体。

Q 基础渐层眼影画法重点是？

A 要学会眼影的基础画法，就要先知道眼睛的部位分区。

眼窝——眼睛上方，眼球突出的圆形区域。

眼褶——睫毛根部眼际，眼皮皱褶部位。

眉骨——眉毛下方骨头处。

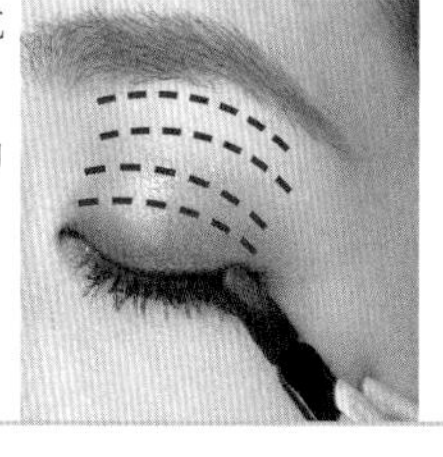

渐层眼影涂画的原则是由深至浅，以一般眼影盘的设计来说，最常见的是四色眼影，通常是同色调由深到浅有三色，加上一色最浅的米白色系。这样的设计和眼影画法是息息相关的，最深色是涂画眼际眼褶处，次深色晕涂半个眼窝，第三深的颜色涂满眼窝边缘，最浅色涂眉骨下方打亮，四色交叠呈现自然渐层眼妆，可以让眼形更深遂明亮，眉形更加立体。

丝棋老师上课啦！

名媛给人的感觉就像洋娃娃一般的娇嫩细致，所以彩妆的重点要避免夸张，而走干净+精致路线，应该放弃过重的颜色，如眼妆部分，可以用紫色眼线代替黑色眼线，提升柔和感；再搭配浅紫色系眼影渐层画法，可以突显过人的优雅气质；此外，可以不必戴假睫毛，只需用纤长型的睫毛膏+睫毛梳，创造出不结块不浓重的根根分明睫毛。

唇腮的颜色也要避免过重，才不会给人大浓妆的俗气感，如果唇色较暗沉，可以先上一层遮瑕打底后再上唇彩，就能够营造白皙裸唇效果，唇彩也能更透亮更显色。

POINT C 梳顺睫毛

创造根根分明的气质型睫毛！

可折式安全睫毛梳！

1 梳上睫毛

刷完纤长型睫毛膏后，用宽的睫毛梳，从睫毛根部朝尾端向上加强梳顺睫毛。

2 梳下睫毛

下睫毛一样刷完睫毛膏后，用较窄的睫毛梳，向下梳开纠结的睫毛。

POINT D 白皙裸唇

淡化唇色暗沉，提升透嫩感！

遮瑕兼打底！

1 唇部遮瑕

使用唇部遮瑕底膏，轻涂于唇部，加大暗斑或唇纹部位用量，不均匀处辅以指腹推匀。

2 唇蜜上色

均匀打上唇部底膏后，再以晶亮感的淡粉色系唇蜜覆盖涂擦双唇，唇妆更透亮。

有丰唇效果！

Q 请问简单又有型的唇妆画法重点为何？

A 唇形漂亮的唇妆，需要依赖唇线笔先勾勒双唇轮廓线条后再填满唇彩颜色。

简单的唇线画法原则是由点成线：

上唇先于唇峰找到对称的a、b、c三个点，然后接至两侧嘴角连成完整线条；下唇由上唇b点向下延伸找到d点，往两侧沿唇形画至嘴角，最后check上下唇交界嘴角处完整连起即可。

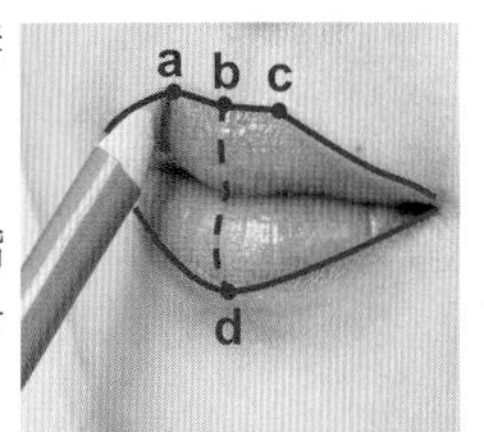

Plus!

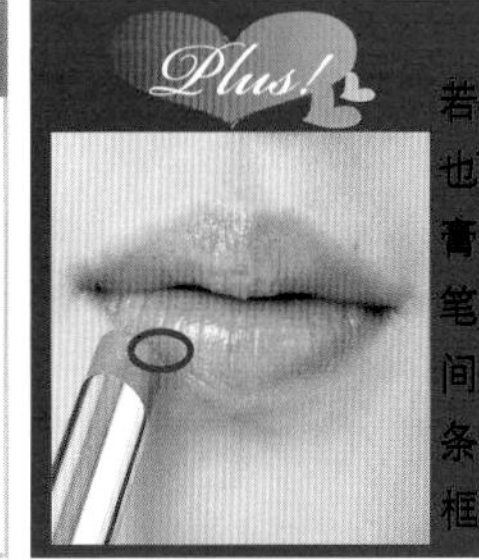

若不习惯用唇线笔，也可以直接用一般唇膏斜切面的前端当唇笔用，一样方式以中间点连接嘴角画出线条，然后均匀画满唇框轮廓内侧。

粉嫩恋爱妆

粉红色的眼影还不够，连睫毛都能闪耀粉红光泽才厉害，再刷上玫瑰色腮红，就这样沉浸在热恋的氛围里吧！

[illegible]/Zax

就用这些，打造粉嫩恋爱妆！

选 有香味的玫瑰色腮红
BOURJOIS
胭脂骚饼(#95)

柔软粉末可以完美晕开，服帖度高，玫瑰粉红颜色让气色超有恋爱感，带有淡淡香味让恋人一靠近就被迷惑。

选 粉红色系眼影盘
Lavshuca
花漾眼影盒

光看外盒设计就超有心花怒放的感觉了，配色更是实用又漂亮到不行，褐色的深邃感打底用，粉红色调用来画深浅渐层，亮丽桃花眼妆so easy。

选 闪亮粉红的眼线+睫彩
CINEORA
紫醉睛迷魔法光双效眼睫笔(公主粉)

睫毛与眼线二合一，含超闪耀的高彩度亮片，能均匀附着眼妆，持久不晕染，大大提升粉红眼妆的华丽度，使双眼更妩媚动人。

选 卷翘型的睫毛膏
Za
魔力卷翘睫毛膏(纤长型)

含有维持卷翘的弹力成分和毛刷设计，能滋养并创造有弹性的卷翘睫毛，多刷几次更能营造向上纤长的效果。

选 珊瑚色唇蜜
TIFFA
公主唇蜜

选择同色调但非粉红色系唇蜜，才不会一派的粉红，妆容反而变得没有重点，珊瑚色的唇蜜妆效自然，各种妆都很搭，也可以衬托粉红色的甜蜜感。

粉嫩恋爱妆 完美妆容关键技巧

Point 放大看! GO!

要营造桃花朵朵开的恋爱妆容，粉红色系绝对是首选，将颜色着重在眼妆更能透露出甜蜜爱恋的感觉，唇腮则要选择同色调但非粉红来做衬托辅助，让妆容更有重点哦!

POINT A 粉红眼线

眼线+睫毛膏!

用粉红色的亮片眼线，柔化黑眼线刚硬感!

1 描绘眼线

使用粉红亮片眼线，从中段开始画起，分别往眼头与眼尾描绘上下眼线线条。

2 眼尾微勾

加强描绘眼尾眼线线条，可于眼尾处微微勾画上翘弧度，更添恋爱笑眼魅力。

POINT B 睫彩上色

不夹就能卷翘!

刷上一般睫毛膏后，再加强晶亮粉红色泽!

1 刷翘睫毛

让睫毛更卷翘的技巧在于使用睫毛刷时，加强停留睫毛根部数秒后，从根部向上刷起。

眼线+睫毛膏

2 加上睫彩

等睫毛膏干后，再用粉红色亮片睫毛膏重复刷上，增添睫毛彩度与亮度。

Q 刷睫毛时总是容易沾染，该怎么办呢?

A 手比较不灵巧的人，可以使用刷睫毛的辅助工具，特殊贴心的设计，上下睫毛都可使用。有了它，就可以用力尽情刷睫毛，不再怕沾染啦!

刷睫毛辅助器!

如果是已经沾染了，千万不要急着用手搓掉，否则会让熊猫眼情况变得更糟，也容易产生细纹，此时只要用棉花棒加一点乳霜，沾染面积较小的，以点状擦拭；沾染面积较大的，就来回横向涂擦，之后再补上蜜粉轻压即可。

现在还有许多便利的产品，如设计像口红型的修正笔，质地滑顺能融合彩妆脏污，轻轻一擦，尴尬的沾染马上不见!

眼妆补救精灵! Kose

Remake stick

丝棋老师上课啦！

谈到恋爱妆感，多数人的第一联想是粉红色，的确这也是最具甜蜜感的首选颜色，失败的风险最低。但是画粉红色的眼妆需要特别注意眼睛容易变泡，这时可以使用棕色或大地色系眼影于眼窝打底，增强深邃立体感来协调粉红眼妆。

此外，如果眼妆已经是抢眼活泼的粉红色系，唇腮的颜色就要低调些，选择其他较沉稳的颜色来做搭配衬托，如珊瑚色、粉橘、玫瑰色等，千万不要整张脸一派的粉红，会显得太过甜腻！

建议可加上亮片光泽的睫彩或眼线，让眼神有水汪汪的无辜感，行情必定看涨哦！

腮红修容

香味+腮红！

用玫瑰色腮红，从笑肌刷上耳际更有甜蜜感！

隆起笑肌

刷腮红前先对着镜子微笑，两颊隆起的顶点就是涂刷腮红的最佳起点位置。

斜向刷上

从突起的笑肌顶点，斜向往太阳穴至耳朵发际位置刷上腮红，能提拉脸形、看起来笑意盈盈哟！

粉嫩嘟唇

珊瑚色各种妆都实搭！

唇蜜加强涂擦唇中央，唇妆更性感诱人！

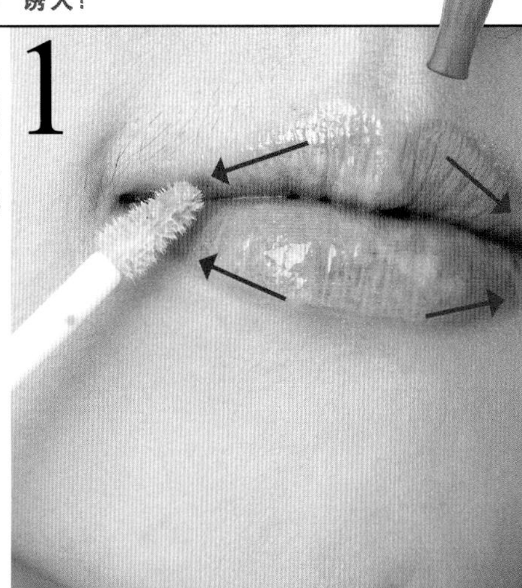

双唇上色

先薄薄涂擦一层珊瑚色唇蜜于双唇，嘴角的上色也要仔细均匀。

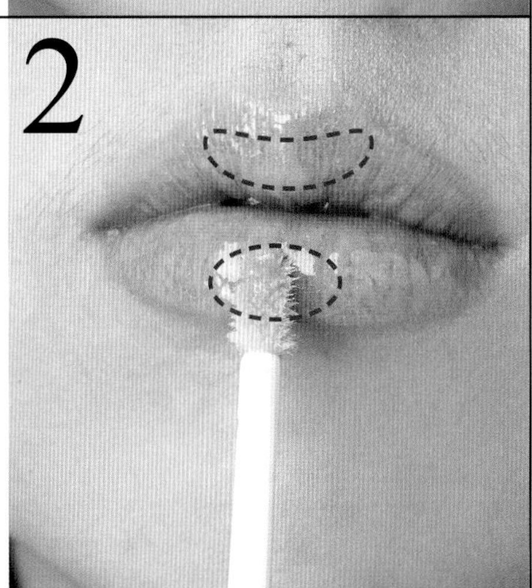

加强唇中央

加强涂擦上下唇唇峰与唇中央部位，增加光泽立体感，让双唇有嘟起的视觉效果。

Q 刷腮红时要怎么让颜色均匀漂亮？腮红颜色怎么选呢？

A 毛量大且柔软的腮红刷，是帮助腮红漂亮上色的利器，如果预算有限，就将附赠的小腮红刷刷毛压成扁平来使用，变宽变蓬松比较好让腮红匀称显色。

腮红刷沾取时要足量，并将多余的腮红刷落在面纸或手背上，调整腮红粉量让毛刷均匀沾染。涂刷时不要一下子下手太重，要慢慢轻柔刷上，不然有不好看的色块。

腮红颜色的选择，要以自身肤色为其本考量，肤色较白选较亮较浅的颜色，肤色较深选橘色或米棕色系。另外，也可以观察自己运动过后两颊透出的颜色，或是选与唇妆同色调的腮红，妆效比较协调一致。

想要流露成熟知性韵味，则选沉稳色调如橘色系、米棕色、玫瑰色，较自然不突兀；想要营造俏皮、活泼的气息，就选择粉红色、珊瑚色、玫瑰红、橙色等较年轻可爱的颜色。

偷心恶魔妆

深蓝色上勾式猫眼眼线，好神秘、好勾人，掳获他的心，更得心应手了。

上衣/b

就用这些，打造偷心恶魔妆！

选 粉红色系腮红
Lavshuca
单色修容饼

恶魔眼妆较重，此时就选用粉红色的腮红修容，来柔和整体的妆效，粉嫩的双颊也更能达到偷心的魅力效果哦！

选 持久纤长睫毛膏
Kiss Me
花漾美姬超激纤长睫毛膏

许多艺人名模都狂推爱用的一款人气睫毛膏，超级防汗、防水、防泪，让恶魔妆能更持久动人，还有添加洋甘菊精华与山茶花油，使睫毛健康黑亮。

选 粉嫩色系唇彩
Barbie
光漾唇蜜(玫瑰粉红)

唇腮要同色调相互辉映，所以玫瑰粉红色的唇蜜最适合，含亮光粒子，擦上后双唇就像果冻般闪亮，淡淡的香甜味道，更加甜蜜诱人。

选 黑色液状眼线
BOURJOIS
丰狂黑势力眼线液(极黑色)

就是要够黑够深，恶魔眼妆才会更有力量，选择液状眼线能帮助画出最利落漂亮的眼线线条，勾人的眼线妆用这款就变得好容易上手呢。

选 深蓝色眼彩笔
BOURJOIS
绝色双娇眼线笔

用深蓝色眼线笔加粗眼线，增加厚度与色彩，这款眼线笔混合双色珠光的设计，不同角度能变换两种色彩，让眼妆增添媚惑神秘感。

选 大地色眼影
L'oreal
绝色眼影 绮丽秋妆限定眼彩盘

画上大地色系眼影堆叠，能创造眼部深邃立体感，还能突显眼睫的妆效，这款更是专为亚洲人肤色设计，协调四色帮助增添眼神魅力。

偷心恶魔妆 完美妆容关键技巧

Point 放大看！GO!

偷心最大的武器就是一双能迷人勾魂的电眼，深邃且神秘的魅力眼妆是成功关键，就用深蓝色的神秘感加上猫眼眼线的超强电力来达成吧！再辅以大地色的深邃眼影+粉嫩唇腮，恶魔妆大成功！

一盒多用途！

POINT A 深邃眼影

使用大地色深浅眼影画法，营造深邃大眼！

1 浅色眼窝

使用较粗的眼影棒沾取适量浅棕色眼影A，均匀晕涂满整个眼窝。

2 深色眼褶

再用较细一头的眼影棒沾取深棕色眼影B，描画于眼褶部位。

最利落好画！

POINT B 猫眼眼线

上勾式的猫眼眼线，能拉长眼形看起来更娇媚！

1 极黑眼线

先以黑色眼线液描绘细长眼线，眼尾约成30°角向上延伸，画至尾端渐细，极黑的线条更干净有力。

2 深蓝补强

再以深蓝色的眼线笔，加强画于黑色眼线上方，加粗眼线饱满厚度与色彩！

Q 眼线产品的种类好多，有什么不同？该怎么选呢？

A 不同类型的眼线，主是要描绘形态与剂型的不同，相对的也会产生不同的眼线妆效。

眼线笔: 好画容易上手，最适合初学者，线条柔和自然，选择笔芯软硬适中最优。

眼线液: 不晕不糊，线条清晰利落持久，但需练习力道掌控的功夫才能画得细致漂亮。

眼线胶: 特殊的眼线刷加上凝胶剂型，线条显色清晰较为浓重，适合搭配烟熏妆。

眼影: 眼影盘里通常都有可代替眼线的深色眼影，只要使用细头海绵棒即可简单描绘晕涂柔美眼线线条。

丝棋老师上课啦！

恶魔妆就是要使点坏，运用猫眼眼线的娇媚感+粉嫩唇腮的可爱感，呈现一种冲突却又令人又爱又恨的气息，勾魂指数破表！

眼尾上扬的猫眼眼线，是很适合东方女性的眼线画法，可以拉长眼形，展现迷人性感，除了最普遍的黑色，可以加上华丽神秘的宝蓝色补强，眼妆色彩更加丰富有趣，此外，又浓又长的睫毛更是让电眼加分的利器哦！

再搭配上粉红色唇腮的甜美娇羞感，绝对是偷心的制胜关键哦！

抗晕染NO.1

POINT C 浓长睫毛

纤长又浓密的睫毛，眨眼间神韵更动人！

1 Z字刷浓

纤长型睫毛膏可以减少沾黏结块，尤其适合生手，想要更浓密就用Z字形刷法反复多刷几次就有浓密感。

2 直向刷长

下睫毛则将睫毛膏改成直向拿法，左右来回轻刷，再加强刷长毛尾，就能营造下睫纤长效果。

显色服帖！

POINT D 粉红唇颊

选择较浅的唇腮颜色，调和较重眼妆！

1 横向刷腮

微笑以笑肌为起点往两侧横向刷上，横向腮红可修饰长脸，还有日晒或是运动后的自然红晕感。

2 珠光唇蜜

唇蜜涂抹时，加强涂唇中央，四周不要太多，薄薄一层即可，果冻般的光泽更有娇嫩欲滴的美感。

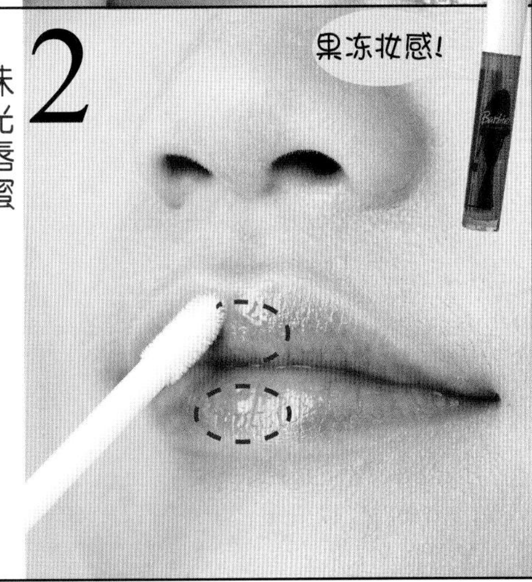

Q 我想要知道各种脸形和各种妆感适合的腮红画法？

1.脸形VS腮红

宽脸、圆脸、国字脸:刷斜长腮红，脸形肌肉往上移，消除宽圆感。

长脸、三角脸:刷横向腮红，脸形肌肉往左右移，平衡长脸直线条。

2.妆感VS腮红

斜长腮红: 线的画法比较利落鲜明，脸形变纤瘦，适合知性高雅的熟女妆感。

圆形或三角形腮红: 点跟面的画法比较娇媚可爱，适合活泼俏丽的娃娃妆感。

利落
上班妆
干净细致的底妆，
立体持久的唇形，
简单沉稳的配色。
最元气、最专业的，非你莫属！
上衣/bait

就用这些，打造利落上班妆！

选 持久滋润型唇膏

Fasio
丰润盈彩唇膏

保湿成分+高度油润的质地，能均匀延展涂抹，长时间维持鲜明的显色效果，成熟的玫瑰色调更能提升知性与专业形象。

选 粉质细致兼控油粉饼

L'oreal
完美吻肤亲肌系两用粉饼

粉质薄透能融入肌肤纹理，使妆感干净无瑕且自然，能吸附汗水与油脂，帮助长时间完美持妆不泛油光，很适合通勤族。

选 粉橘色系腮红

Media
媚点恒彩修容饼(OR-1)

粉橘色的颊彩不但最自然，也最能衬托出好气色，并呈现内敛、优雅、成熟的气息，各种妆容都实搭。

选 深浅珠光唇线笔

CANMAKE
双采双唇笔

唇线笔能帮助勾勒唇框轮廓线条，让唇妆更利落有型，深浅色的唇线笔堆叠使用，能比单色唇笔更自然也更立体。

选 软芯黑色眼线笔

KATE
眼线笔

旋转式的设计，使用方便快速，适合忙碌的上班族，基本的黑色眼线妆，能让眼睛看起来更有精神，是上班族不可或缺的彩妆品。

选 保湿型粉底

AQUA LABEL
光感保湿粉底

有SPF20防晒效果，含玻尿酸、胶原蛋白等保湿成分，能减少因冷气房或干燥导致浮粉及脱皮状况，质感轻盈光滑易于推匀。

利落上班妆 完美妆容关键技巧

Point 放大看！GO!

持久不脱妆，绝对是都会粉领彩妆的必备要件，快速补妆更是OL一定要学会的重点，再 就是如何运用化妆技巧，提升自己利落专业的形象，干净、稳重又能振奋精神妆感最适合。

保湿兼粉底！

POINT A 持久底妆

上班族持久底妆的秘密在于保湿！

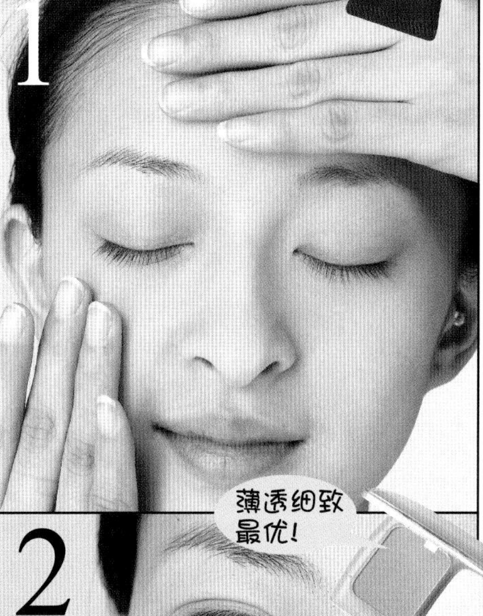

1 妆前保湿

上妆前可以先擦一层保湿乳液，或是以手掌温热脸部，帮助后续更吃妆，保湿型粉底液是最佳选择。

薄透细致最优！

2 粉饼按压

为了避免浮粉脱妆，可以微微沾湿海绵再推上粉饼，或是以按压的方式帮助底妆更服帖。

唇线兼遮瑕！

POINT B 勾勒唇线

唇线帮助唇妆更有型，专业感UP！

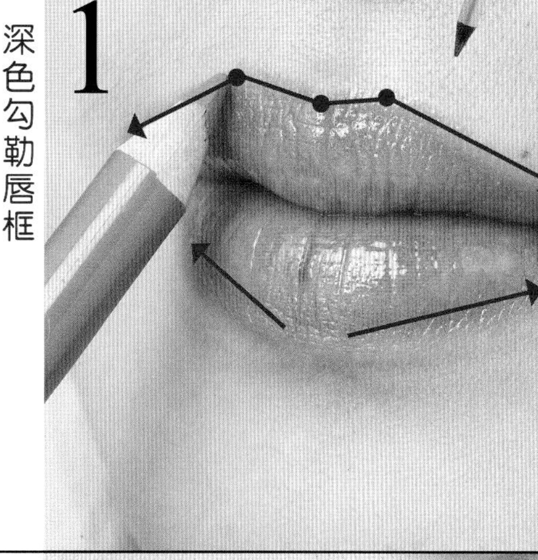

1 深色勾勒唇框

画线以由点成线画法，由上下唇中央画至嘴角，最后记得嘴角交接处需完整连接补色。

2 浅色唇边遮瑕

浅色画于先前唇线外围唇边，兼具修饰与遮瑕功能，深浅对比还能营造双唇突出变立体的视觉效果。

Q 我的唇妆总是不持久容易掉色或干燥脱妆，怎么办？

双唇干燥或脱皮，也是导致唇妆不持久的原因之一，此时千万不要用手硬扯撕除而使嘴唇受伤，那样唇妆当然就不漂亮又容易脱妆。

建议上妆前可以先涂上厚厚一层护唇膏，等候约5~10分钟，其间可以先上其他部位彩妆，等护唇成分充分滋润双唇后，再以化妆棉沾取化妆水，轻柔拭去表面脱皮与多余护唇膏即可。

不易脱妆的唇妆画法

1.分次多层的涂擦法：涂擦唇膏后，将双唇在面纸上轻轻抿过，继续擦唇膏与抿面纸的动作反复数次。如此多层上色，就算唇妆掉色，色彩也不会很明显一下全不见哦。

2.用蜜粉定妆：唇膏会掉色通常是油质质地，只要上完唇膏后压上微量蜜粉，再反复一次，就能变成偏粉雾质感唇妆，妆效较持久。

丝棋老师上课啦！

OL们可以依照自身工作领域的需要来调整妆感，若是较注重专业形象的，在彩妆的选择上就不要使用太花哨或太活泼的颜色，建议使用大方自然的大地色系或是沉稳气质的紫色系；如果是需要形象亲切的，则可以选用易亲近的暖色调增添一点甜美感。

不变的基础原则:

1.干净薄透的底妆:长时间待在冷气房，容易干燥脱妆，上妆前的保湿工作绝不可少，以湿润的海绵推底妆，会更服帖吃妆。

2.神采奕奕的妆感:眼线+唇妆+修容是必备关键，简单细致的眼线就能让双眸立刻有神；一支唇膏也能让气色马上变好；斜向的腮红修容，修饰脸形更利落清晰。

口红兼护唇！

POINT C 唇膏+眼线

口红与眼线的使用，是上班族精神奕奕的秘密！

1 唇膏上色

将唇膏涂擦于先前的唇线框内，均匀涂满上下唇，口红上色就能让气色瞬间变好。

使用好方便！

2 描绘眼线

沿睫毛根部描绘眼线，不需太粗或过度晕画，基本的细长眼线就能让眼睛马上有神。

POINT D 腮红修容

粉橘色腮红，简单拥有自然好气色！

1 笑肌晕刷

先微笑隆起笑肌，以此为起始点先做画半圆晕刷，两颊气色会更为红润。

2 勾起斜刷

接着往太阳穴至发际方向，呈打勾形状，斜上来回刷上一层薄薄的腮红颜色。

Q 上班族底妆持久方法？脱妆补妆的方法？

A 除了上妆前的脸部保湿外，让底妆更服帖持久的小秘方，就是将底妆的海绵以化妆水沾湿，或以保湿喷雾喷湿后，搓揉挤掉多余水分，让海绵保持轻微湿润度，再沾取粉底或是干湿两用的粉饼推匀底妆。

湿润的海绵，不但能减少与肌肤的摩擦力，让底妆更服帖持久吃妆，还具有舒服清凉感，不会有底妆闷住肌肤的不舒适感。

另外，上粉底时选择人造海绵比天然海绵好，因为人造海绵吸收力较天然海绵差，所以粉底反而较能够完整推上肌肤吃妆。

如果已经出油脱妆，范围小的就用面纸或吸油面纸按压后再补妆；若是脱妆浮粉很严重，在外又没有卸妆品，就用湿纸巾或沾湿面纸，反复按压做简易卸妆后，再重新按正常程序上妆。

大眼娃娃妆

每一根睫毛都要铆足金力，更长、更浓、更翘。

放射状的扇形睫毛+饱满圆弧眼线。

洋娃娃般不可思议的美丽大眼。

就用这些，打造大眼娃娃妆！

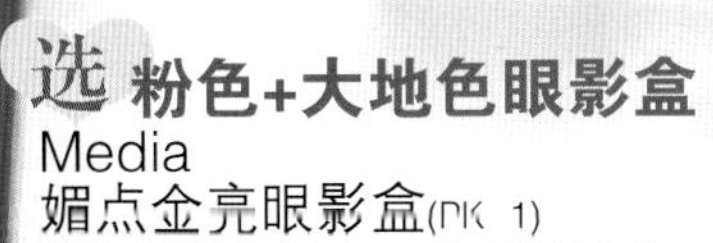

选 粉色+大地色眼影盒

Media
媚点金亮眼影盒(PK 1)

深浅色渐层眼影画法，可以让眼睛变大变深邃，微珠光粒子闪耀亮眼光泽，除了做眼影，粉色系还可拿来做腮红修容，深棕色拿来可以强化眼线。

选 粉藕色唇蜜

INTEGRATE
超玩美艳光唇蜜(RD721)

深浅适中的粉藕色唇蜜，更能衬托出整个大眼妆的质感，不会显得过于孩子气，这款创新的刮勺式刷头设计，唇角形状都能清楚勾勒，塑造完美唇形。

选 浓密型睫毛膏

MAYBELLINE
XXL超大魅眼双纤维睫毛膏终极版

先打底增长纤维，再刷上浓密的睫毛膏，让睫毛更长、更浓、更卷翘，这款终极版的睫毛膏是药妆店超级热卖品，想要画大眼妆绝对少不了它。

选 小刷头睫毛膏

Fiberwig
魔法立体下睫毛专用睫毛膏(细短睫毛专用)

完美大眼妆就要每根睫毛都到达最极限的浓长，下睫毛或眼头细短睫毛，就靠它来补强，短刷头加上贴心的角度设计超好用。如果眉色适合，还可以拿来做眉膏使用哦！

选 较粗的笔状眼线液

KATE
持久液体眼线笔(中细)

想要眼睛更放大，眼线绝对不可画得太细，选择中粗型的液状眼线笔，能更快更饱满地上色。防水型能让眼线持久不晕，妆效更优！

大眼娃娃妆 完美妆容关键技巧

Point 放大看！GO！

结合眼影、眼线、睫毛，各种放大眼瞳的眼妆妆效发挥到极致，想要洋娃娃一样的梦幻圆眼瞳，一点都不难！

POINT A 大眼眼线

好画易描绘！

眼睛中段加厚眼线，眼睛看起来更圆更大哦！

1 画上眼线

画上眼线时，可加强眼睛中段也就是瞳孔上方位置，加厚眼线画成圆弧形，会有放大瞳孔的视觉效果。

2 画下眼线

想要眼睛看起来更大，下眼线不可忽略，但不需画满，否则会显得太刻意不自然，从眼尾画起至约2/3即可。

POINT B 深邃眼影

还可当修容！

渐层眼影+打亮，眼睛立体看起来就变大！

1 深色眼褶

取深棕色眼影C，以细头海绵棒涂画于眼线上方眼褶处，加强眼线及深邃效果。

2 浅色眼窝+打亮

取粉色眼影B涂满整个眼窝处，再以浅白色眼影A，打亮眉毛下方眉骨处。

Q 睫毛夹到底要怎么使用才会使睫毛真正卷翘好看呢？

A 夹睫毛时，另一只手可以轻轻向上提拉眼皮，让睫毛夹能更精确找到睫毛根部位置。然后先使用睫毛夹轻柔地使力夹压睫毛根部并稍作停留约5秒，再稍微向上拉抬，夹出，塑造朝上弯曲的卷翘效果。接着从毛根往毛尾分次少量地依序往上夹翘。

还有一个动作可以帮助睫毛形状更漂亮，就是在夹完睫毛后，以指腹左右来回拨松睫毛，用意在于调顺睫毛角度与匀称疏密度，让睫毛呈现放射状的漂亮扇形。

丝棋老师上课啦！

大眼妆要成功的重点技法：

1.描绘上下眼线，并加厚眼瞳上方的眼线线条，呈现饱满圆弧形。

2.深邃眼影可以强化眼线效果，并突显眼形轮廓更清晰明亮。

3.浅色眼影く字打亮眼头或眼尾眼线延长，修饰眼形左右变长变大。

4.睫毛夹夹翘睫毛及睫毛膏加强根部刷翘，卷翘飞扬的睫毛能拉提眼形上下宽度使其变大。

5.刷睫毛时，眼头与眼尾用斜向向外刷长，呈现放射状的扇形睫毛，眼睛看起来更圆更大。

6.加强眼头睫毛与细短下睫的浓密度，在视觉上会让眼幅变宽，产生眼睛放大的惊人效果。

好夹好握!

POINT C 加强卷翘

睫毛夹+刷睫毛辅助器，卷翘度UP！

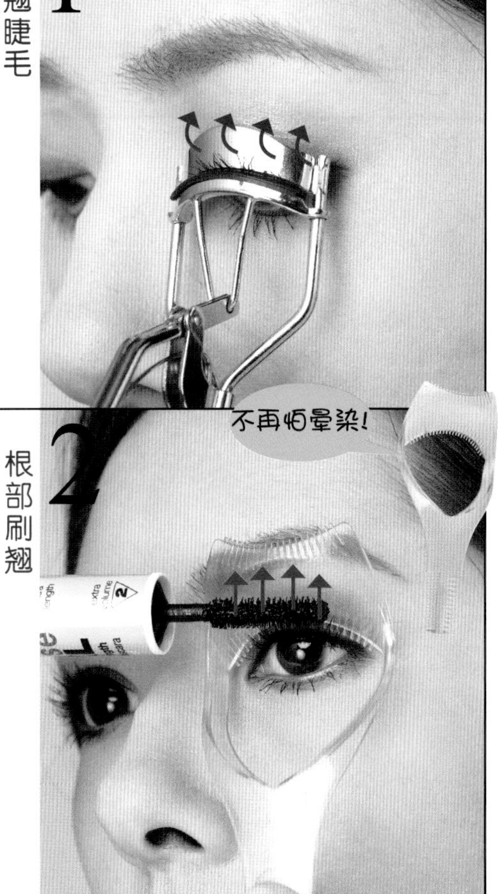

1 夹翘睫毛

以睫毛夹分次向上夹翘睫毛后，再以手指左右拨松，创造卷翘飞扬的扇形睫毛。

2 根部刷翘

睫毛要刷得卷翘一定得从根部刷起，但总会战战兢兢怕沾染，有了这种辅助器，就可以放心用力刷。

浓密纤长 NO.1

POINT D 刷浓刷长

上下睫毛都要极尽地浓长，不用假睫毛，大眼妆也100分！

1 尾端刷长

根部加强刷翘后，持续用睫毛膏以Z字刷法，刷浓睫毛，睫毛尾端则加强向上刷长。

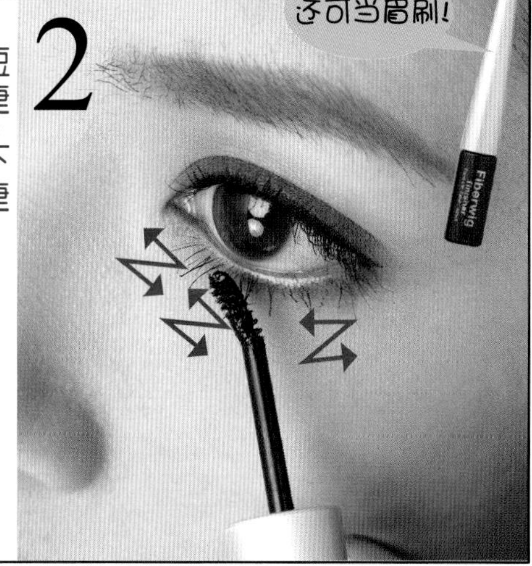

2 短睫+下睫

使用迷你刷头的睫毛膏，刷长下睫毛与眼头细短睫毛，让每一根睫毛都能发挥到极致。

Q 睫毛膏有各种不同刷头类型，功能上有什么差别呢？

睫毛膏不同的刷头类型，有其不同的功能，也各有特长：

弯弧型：可配合眼睛弧度，刷出圆弧的卷翘睫毛，但沾染机率较高。

直筒型：笔直的刷头，相对比较不易沾染，比较能刷出纤长感。

短刷头：适合刷下睫毛及眼头、眼尾的细短睫毛，还可当眉刷用。

梳子状：睫毛膏上色较直接且浓重，色泽漂亮，睫毛根根分明不易纠结。

尖锥型：体积较丰厚，能刷出浓密效果，其尖端也可拿来直向刷细短睫毛。

干掉或快用完的睫毛膏，可以物尽其用，拿来当眉刷眉膏使用。顺着眉毛生长方向向上轻刷，能增添色泽浓度，让眉形更立体哦！

闪耀Party妆

绝佳的闪耀亮度，光彩夺目的抢眼眼妆，就用小烟熏来称霸，成为派对上瞩目的焦点。

洋装/bait

就用这些，打造闪耀Party妆！

选 闪耀的珠光唇蜜
BOURJOIS
又凸又翘唇蜜

Party里就是要艳光四射的双唇，这款不但光泽感、透明感十足，含微晶蜡成分还可增加丰厚感，用了它，最性感Party Queen非你莫属。

选 细致型眼线液
CINEORA
紫醉睛迷魔法眼线液

由于Party的眼妆已经很浓重，眼线就要细致些，这款眼线液刷毛细致有弹性，使用方便，能帮助描绘精致细腻的眼线妆，且防水防汗，持久不掉色。

选 浓密防水睫毛膏
PALGANTONG
D罩杯丰盈睫毛膏

浓睫是一定要的，还有为了应付Party里的各种突发状况，极致防水的睫毛膏更是你维持完美妆效的好帮手，不晕染、不沾污，熊猫眼不来捣乱。

选 亮片眼线液
TIFFA
炫亮眼线液(极光银)

这款曾在药妆店卖到缺货的眼线液，富含闪耀的银色亮片，一画上眼睛瞬间超闪耀，还有动人的泪光闪闪效果，除了做眼线，也能压在眼影上增添亮度。

选 可推晕的深色眼彩笔
INTEGRATE
亮丽光彩眼影笔

质地柔软能轻易推匀，最佳用法是将眼影笔于眼褶画上线条后再向上推晕，可以营造自然的小烟熏，很适合宴会Party的妆感，含有细致珠光，炫耀度UP UP!

选 金棕色眼影
MAYBELLINE
单色眼影

衬于小烟熏眼影底下，涂满整个眼窝作打底，以金棕色的眼影最为适合，可提升整体眼妆质感，优雅小贵妇形象立刻展现。

闪耀Party妆 完美妆容关键技巧

Point 放大看！GO！

昏暗Party里，彩妆颜色要更重更亮，才能吸引众人目光，运用创意，眼线液的亮片还能装饰眼影亮度，让小烟熏更抢眼迷人。

细眼线最适合！

POINT A 晶亮眼线

黑眼线+亮片眼线，炫耀度无人能敌！

1 细长眼线

使用眼线液，沿睫毛根部描绘基本的细长眼线，纤细的黑眼线能衬托但不混淆后续浓重的眼妆。

闪亮度NO.1！

2 亮片眼线

使用亮片眼线液加强描绘上下眼线，眼头也以く字形画法描绘上亮片光泽，眼睛变得更亮。

眼影笔最好晕画！

POINT B 晕画眼影

眼彩笔晕出小烟熏，派对中你最亮眼！

1 画出线条

深色眼影笔于眼线上方眼褶部位，由眼头至眼尾画上一道完整线条。

2 推晕眼影

再以指腹轻轻向上推开眼影约至半个眼窝处，呈现一个漂亮的圆弧形。

Q 彩妆品如何省钱购买并发挥最大功效？

A 药妆店常常会有不定期的开架彩妆品全面性折扣，趁此时补齐彩妆品，也可以省下不少钱哦！

此外，购买重点就是一物多用，不需画地自限，拘泥于彩妆品的品名与原始用法，只要是相同质地、相同颜色，其实都是可以轻松变换互通的。

譬如，粉橘色的眼影可以拿来当腮红；粉红色的腮红可以变化成粉红色眼妆；深色腮红和咖啡色眼影，都可以作修容打阴影用；浅色腮红或白色眼影，更可以拿来打亮眉骨、T字、下巴、颧骨等；唇膏还能兼唇线；睫毛膏也能当眉刷眉膏使用；亮片眼线液也可以当亮粉覆盖眼影更闪耀……

今天起，你可以更有创意地运用你的彩妆品，比别人花更少的钱，做更聪明的彩妆达人吧！

丝棋老师上课啦!

各种Party、宴会场合，通常灯光较暗，一般白天化的妆效，在这时都还是稍嫌暗淡了。如果不想总是在派对中躲在角落孤芳自赏，你的妆一定要更有创意、更耀眼!

金棕色的眼影，具有华丽的小贵妇感，用来涂满眼窝作打底一定不会错，再来就用深色眼影笔晕画出渐层小烟熏。小烟熏比大烟熏少了酷味距离感，多了一分都会迷蒙感，比较容易亲近。

亮片眼线液你以为只能拿来画眼线吗?还可以来压在小烟熏眼影上，增添令人惊艳的绝佳亮度，甚至比亮粉更持久炫目哦!

眼线变亮粉!

POINT C 亮片眼影

使用亮片眼线代替亮粉，强化眼影亮度!

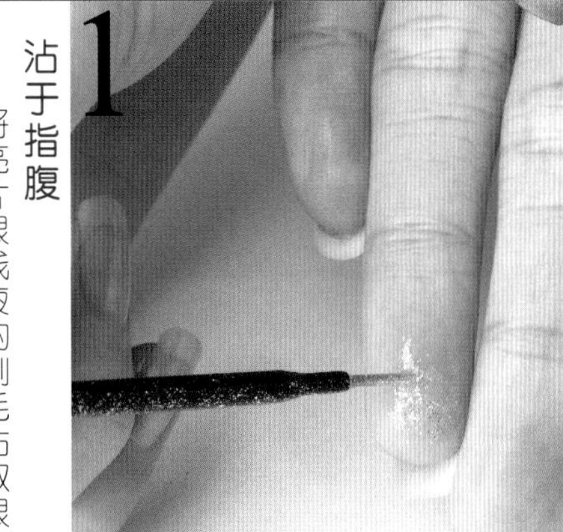

1 沾于指腹

将亮片眼线液的刷毛沾取眼线液后，反复均匀沾点于手指指腹上。

2 按压眼影

再以沾了亮片眼线液的手指指腹，轻点按压于方才晕画的眼影上，闪烁度立即大增。

极黑极浓密!

POINT D 睫毛+唇彩

浓密的睫毛+丰润亮唇，让Party妆更完美!

1 刷浓睫毛

以睫毛膏来回刷浓上下睫毛，记得从根部向上刷起更卷翘哦!

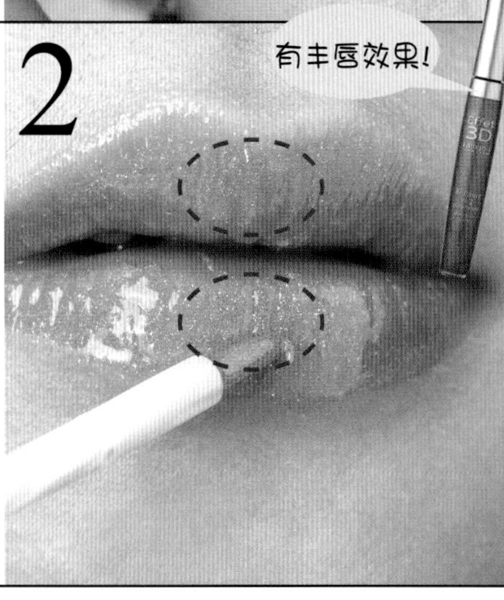

2 唇蜜上色

将唇蜜均匀涂擦于双唇，嘴角也要仔细完整上色，可加强唇峰与唇中央，美丽性感丰唇立现。

Q 使用睫毛膏刷出漂亮睫毛的重点技巧是什么?

A 漂亮睫毛就是要创造出能帮助眼睛更向外延伸的美丽线条，一般来说，大原则是越浓密越纤长则越优，还要干净不晕染、不沾黏、不结块、没有丑丑的蟑螂脚形状，所以使用睫毛膏前，取出刷头时要先在瓶口刮顺，使纤维沾附适量均匀，刷出的睫毛线条会更清晰利落。下睫毛与眼头细短睫毛也要加强刷长，睫毛变得有分量，让眼形上下幅度变宽，有大眼效果!

不同的刷法会产生不同的效果。

横拿向上刷法:加强睫毛根部停留时间再一鼓作气向上刷，能刷出卷翘感。

横拿Z字形刷法:睫毛膏纤维沾黏效果较好，能刷出浓密感。

直向刷法:拉长毛尾刷法，适合短睫或下睫毛，能刷出纤长感。

时尚烟熏妆

最深邃，最冷艳，最个性，
深浅渐层的完美比例，
紫色大烟熏，时尚感NO.1。

上衣/Zax

就用这些，打造时尚烟熏妆！

选 浓密+纤长 睫毛膏

BOURJOIS
哈比睫毛增浓长防水型专用

漂亮的烟熏一定要有厉害的睫毛相辅相成，这款一端是长睫的滋养乳液，梳子状的刷头让每根睫毛都能获得呵护；另一头睫毛膏，超优的浓密纤长效果，让哈比睫毛也可以很争气哦！

选 黑+紫色系眼影盘

KATE
魅惑眼影盒(PU-1)

烟熏妆其实不必一味的黑，容易看起来死气沉沉，选择黑+紫的晕涂调和，能够让时尚感大大加分，添加细致的珠光亮粉，舞动烟熏魅力光彩。

选 粉肤色的修容兼腮红

INTEGRATE
红颜亮采腮红

接近肤色的腮红颜色，两颊颜色不会显得突兀，能自然融合于整体妆感，适合比较个性感的烟熏妆，除了两色调和作腮红，深色也能兼做修容使用。

选 唇蜜+唇膏+唇笔 三合一

INTEGRATE
亮泽立体唇蜜笔

烟熏妆的酷味感，不适合太过闪耀的珠光唇蜜，应选择雾状或是微亮泽的唇彩，这款唇蜜笔，兼具唇膏的好延展性，以及唇蜜的亮泽感，笔状设计还能勾勒唇线，一支即可打造立体有型美唇。

选 浓厚型眼线胶

KATE
眼线胶组

凝胶式的眼线最适合烟熏妆使用，因其质地浓厚滑顺、延展性最优，易于晕染，特殊笔刷柔软好描绘，这款超级热卖的好口碑，不输专柜品牌。

时尚烟熏妆 完美妆容关键技巧

Point 放大看！GO！

烟熏妆的成败关键就在晕染的技巧，运用深浅色推出漂亮渐层感，还要保持干净的妆感。眼妆变成整体妆效中最抢戏的大重点，其他的部位则要淡化简约，乖乖地当配角才行。

POINT A 晕画眼线

使用易晕染眼线胶打底，再加一层眼影晕涂！

眼线描绘

使用眼线胶画上眼线，沿睫毛根部描绘完整饱满的自然眼线线条。

眼影晕画

再使用细头海绵棒，沾取紫色B或混合黑色C，描绘晕画上下眼线。

POINT B 晕涂烟熏

混合黑+紫色眼影，创造渐层烟熏更有时尚感！

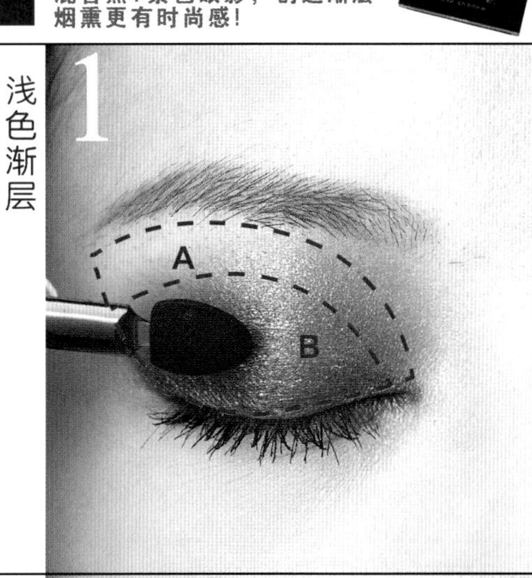

浅色渐层

使用银白色A先涂满整个眼窝至眉骨下方打底打亮，再用紫色B渐层晕涂满整个眼窝。

深色晕涂

接着以黑色C涂画于眼线上方眼褶处，然后继续再向上晕画约至2/3眼窝处，呈现渐层感的大圆弧形。

Q 有什么彩妆工具是建议一定具备的呢？

腮红刷

A 好的化妆工具是化妆成功的第一步，不但能使化妆更快更精准，还能使妆效更为自然持久哦！

一般腮红附的腮红刷通常都太小、毛刷质地较差而无法均匀混合色彩，容易有不自然的色块痕迹。建议不妨投资一支好的腮红刷，比买了贵的腮红更划算实用哦！

化妆海绵也是需求度相当高的彩妆工具，使用干净且常更换的海绵上妆，对皮肤也较优。此外，沾湿海绵让底妆更服帖的方法，也是用手无法取代的哦！

睫毛夹是漂亮美眉化妆包里一定会有的基本工具，如果你还不用睫毛夹，就别再羡慕别人的美丽卷翘睫毛啦！

丝棋老师上课啦！

烟熏妆整体的妆感较重，特色在眼睛，所以唇颊部位的彩妆就要淡，否则容易流于俗艳的大浓妆。

唇妆可以选粉雾质感或是微珠光的唇彩，太强的珠光唇蜜这里并不适合；腮红可上可不上，若要也是选择沉稳的粉橘色系或米色系较适合；倒是修容可以特别着重，运用浅色打亮+深色外围修容，打造精致有型的脸庞轮廓，更呼应烟熏妆的时尚酷味。

眼线妆应该选择易晕画的质地，如眼线胶，较浓较饱满的眼线线条，才能更加显现烟熏眼妆的强度。

烟熏眼影的颜色选择其实可以活泼亮丽些，不一定要传统的黑，视个人想要的妆感或服装搭配决定，原则是深浅色的渐层晕染比例要均匀正确且干净利落。

睫毛膏兼滋养效果！

POINT C 加强睫毛

浓长的美丽睫毛会让烟熏妆更加分！

1 Z字刷浓

先刷上打底的一头滋养后，从睫毛根部向上，以Z字形刷法反复刷浓上睫毛。

2 直向刷长

下睫毛以直向拿法比较不易沾染，左右来回刷长下睫的细短睫毛。

唇膏+唇线+唇蜜！

POINT D 唇彩+修容

修容让脸更小巧有型，微光泽唇妆更有质感！

1 唇彩上色

使用唇蜜笔，可以先当唇线勾勒出完整唇形后，再涂满双唇上色。

2 颊彩+修容

深色于脸部位外围打上阴影，再混合深浅两色刷上两颊腮红，浅色还可打亮眼睛下方颧骨处。

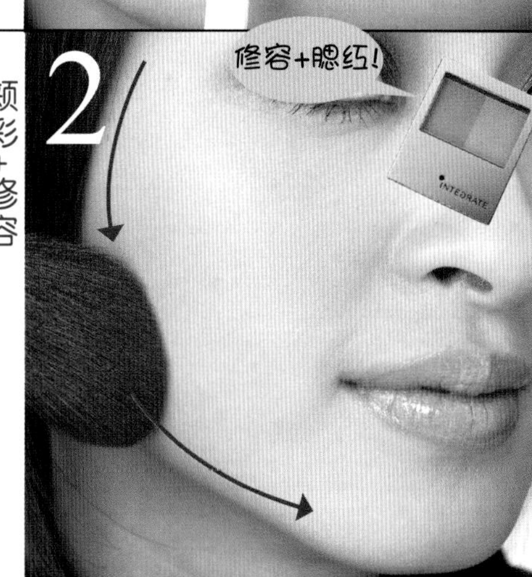

Q 小脸的修容技巧是什么？怎么选修容产品呢？

A 小脸修容最大的重点就是运用深色打在脸部外围轮廓，制造阴影，让脸形变纤瘦小巧且立体，单独打在不同的位置，也有不同的视觉修饰效果。

例如，刷在外围发际额头到太阳穴位置，可以让五官更深遂，缩短脸形宽度，适合倒三角脸与方形脸；若是打在耳下到下巴位置，会让脸形看起来较尖，适合圆脸。

深色修容因为面积范围较大，需要较大支且毛量较多的修容刷，不但不会有明显线条的突兀感，又能事半功倍刷出显著修饰效果哦！一般来说，修容的颜色以深色修容饼或咖啡色系为主，如果不想特地花钱另外买修容产品，不妨聪明利用腮红盘中较深色的腮红，甚至是用眼影盘中的咖啡色眼影来刷脸形轮廓阴影，既省钱又自然，也一样能营造修饰小脸效果哦。

Part 2 2-2 Skin Care

干性肌	油油肌
敏感肌	斑点肌
痘痘肌	暗沉肌
细纹皱纹肌	毛孔粗大肌
老化松弛肌	压力疲劳肌

省钱达人

何嘉文

时尚界的流行小教主，对彩妆保养也很有自己独到的一套见解，自创的LoveVivi彩妆品牌，不但超人气亦走平价实用路线。对于化妆品讲究好用与物超所值，不一定追求昂贵商品，只追求适合、实用与对的方法。为各大美容流行电视节目喜爱邀请的达人来宾之一。

保养达人

牛尔

美容界十多年资历，曾担任知名品牌化妆品公司的行销、教育训练及发言人的职务，也曾在大学担任专业讲师。现为知名电视节目与美容网站的咨询顾问专家，另外针对亚洲女性设计研发出一套保养品牌。

专长为彩妆保养品成分之功能运用，与美容保养、芳香疗法之专业知识，在美容界已是超级"教主"地位。

美肌达人

吴玟萱

从造型界转战艺能界，专家公认拥有吹弹可破、零毛孔的超美肌艺人，对于美容保养相当有兴趣，多年钻研试用颇有心得。出版的美容书十分畅销热卖，以自身经验建议读者如何选择、如何用，不花冤枉钱！保养得道的美丽肌肤，也让她成为各大美容节目座上宾的热门人选。

带你买到600元的梦幻保养组合!

达人推荐！干性肌就用这些

牛尔、玟萱推荐！

调理

AQUALABEL——水保湿润肤露(丰润型)
(200ml)

主要成分：高效活肤水因子、胶原蛋白、玻尿酸、氨基酸、野玫瑰精华、海藻糖。

推荐原因：能将保湿因子大量导入肌肤底层，促进成分的渗透与吸收，是一款质地很丰润的化妆水，若是肌肤真的觉得特别干燥时，用化妆棉湿敷个3~5分钟，肌肤就会非常水嫩有弹性。

牛尔、嘉文、玟萱都推荐！

特殊护理

露得清——水润精华保湿面膜
(5片/盒)

主要成分：高效水润精华、“SMART-FIT”材质。

推荐原因：内含的高保湿成分可以透过微纤导入孔完全渗入肌肤发挥效果，SMART-FIT的弹性材质设计，可以完全包覆脸部，不用担心掉落，保湿效果非常优异，敷起来相当舒服。

牛尔推荐！

清洁

Heme——Basic干性肌专用洗颜料
(100g)

主要成分：芦荟、米糠萃取、丙二醇。

推荐原因：此系列产品将肤质贴心的分为五大类，再分别研发每一种肤质适合的产品，像干性肌的洗颜产品就添加了多项保湿润泽与锁水成分，让洗完脸的肌肤澄净而不干涩，价格也很实惠。

牛尔推荐！

滋润

Beautician 's Secret
超涵水24小时保湿凝胶
(50ml)

主要成分：白茅根、微脂粒雷公根、甜没药醇。

推荐原因：来自澳洲的专业医学美容品牌，运用草本美学与生物保养科技研发的产品。超保湿的保湿凝胶，能作为日常的保湿品，敷厚一些也可作为保湿面膜，能立即改善肌肤的干燥，一物二用。

牛尔推荐！

特殊护理

DHC——Q10紧致焕肤眼霜
(25g)

主要成分：Q10、玻尿酸、芦荟、橄榄叶、α熊果素、胎盘精华。

推荐原因：眼周肌肤是最容易出现干燥、老化现象的部位，这款眼霜除了含有高浓度的Q10成分外，并搭配了多重保湿舒缓成分与嫩白配方，能有效解决眼部干燥，也提升眼周的晶透感。

Check! 干性肌的保养对策

怎样分辨干性肌？

- 肌肤不容易出油。
- 毛孔较细不明显。
- 摸起来干干粗粗的。
- 肌肤没有弹性，常有紧绷感。
- 肌肤常常觉得干痒不适。
- 眼周容易有小细纹。
- 肌肤容易脱屑甚至脱皮。
- 季节交替或秋冬，肌肤极度干燥。
- 不易上妆，容易脱妆或浮粉。
- 容易产生过敏现象。
- 容易生成雀斑与色素沉淀。

达人教室

干性肌的产品选择原则

清洁品:选滋润型洗面霜，不要选清洁力强的皂型。

调理品:选丰润的保湿化妆水。

滋润品:滋润的乳霜、按摩霜或不刺激的精油。

特殊护理品:保湿型面膜、滋润抗皱眼霜。

干性肌适合的保养成分

玻尿酸、甘油、维生素B5、胶原蛋白、植物乳油木果油、玫瑰果油、芦荟、米糠萃取等保湿舒缓效果优；分子酊、丙二醇等能锁水、防止水分流失；角鲨烯成分能修护干燥受损肌肤。

干性肌的保养小提醒

- 当肌肤已经干燥脱屑的时候，就暂停去角质；一般干燥肌肤也不要太常去角质，隔很久一次即可。
- 洗脸应用偏冷的水，不要因为冬天天气冷就用热水，过热的水会带走更多皮脂，让肌肤更干燥。
- 如果觉得肌肤很干，早晨的洗脸就不要用洗颜料了，改用清水泼洗冲净即可。
- 在擦保湿商品或敷保湿面膜时，可以适时搭配一点轻柔的按摩动作，让保湿成分能充足吸收，改善干燥效果更优。
- 当肌肤极度干燥时，刚擦上保养品会有些许刺痛反应，但刺痛感应该一下子就会消失了。如果刺痛感一直持续，就可能是对该保养品产生敏感反应!

干性肌最想知道的 Q&A 大解惑

Q：常常待在冷气房里，脸好干哦！应该怎样做保湿呢？

A：很多人以为夏季时不需要做太多的保湿工作，却忽略了夏天因为常待在冷气房里，更容易让肌肤产生干燥危机。由于冷气的除湿作用会带走室内空气中的湿气水分，肌肤中的水分也就更容易流失，这也是很多上班族虽然在夏季，还是容易觉得肌肤干燥缺水的原因。所以，冷气房里的保湿工作也不能马虎哦!

建议长时间待在冷气房里的上班族们，要使用较滋润型的保湿乳液或乳霜，帮助补水，防止水分蒸发。另外，也可以放一罐矿泉保湿喷雾在办公室里，随时补充肌肤水分，但是建议喷完矿泉喷雾还是要多一道乳液锁水的动作。

还有一个小小秘方，就是可以试着在办公桌上放上一杯水，来增加周遭空气中的湿度哦!

TIPS! 达人如何对抗肌肤干燥？

玟萱的小秘方

面膜充分运用＋温热点压

肌肤干燥，保湿面膜是很好的急救保养，与其随随便便贴上面膜，不如用点心，只要多几个小动作，就能既省钱又让保湿更加分哦！

Step 1 运用多余精华液

敷面膜前，先将面膜取出，然后剪开面膜包装袋，沾取剩余精华液。

Step 2 面膜精华液变乳液

多余的精华液，当做乳液涂抹全脸，让敷脸前的肌肤多一层保湿打底。

Step 3 敷上面膜+手掌温热

接着敷上面膜，以手掌贴合脸部，帮助挤出空气更服帖，也让毛孔温热张开，保湿精华吸收更好。

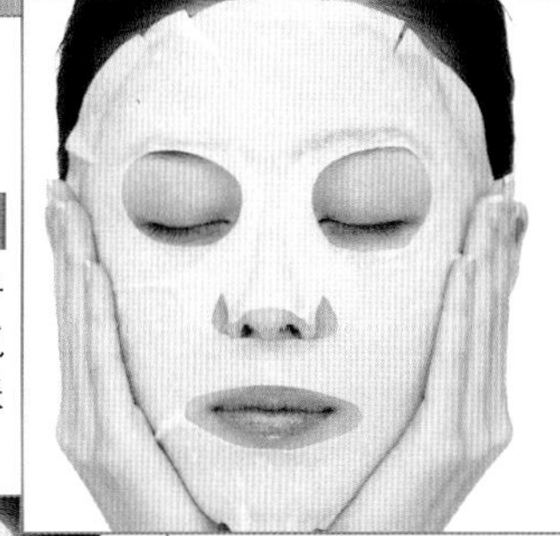

Step 4 干燥部位加强按摩

敷面膜时，可针对特别干燥敏感的部位，以指腹做局部轻点按压的动作，帮助舒缓与吸收。

嘉文的小秘方

婴儿油迅速赶走干裂脱皮

之前在内地工作时，气候非常干燥，皮肤干裂到很不舒服，后来用了婴儿油热敷、蒸脸这个方法，真的很有效，推荐给极干燥肌肤的美眉哦！

Step 1 于手掌搓热

倒出足量婴儿油于手掌中，再用双手微微搓热掌中的婴儿油。

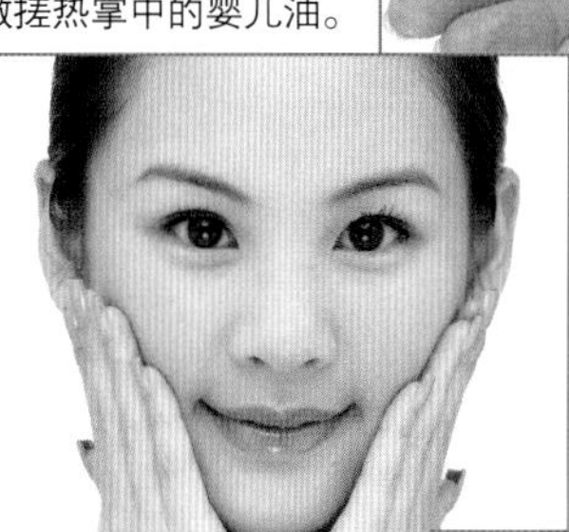

Step 2 均匀涂抹全脸

将微温热的婴儿油均匀涂抹于全脸肌肤约5~10分钟，但避开眼周。

Step 3 彻底洗净

敷完婴儿油后的肌肤，一定要彻底冲洗干净，避免多余油脂残留脸部造成毛孔阻塞。

Step 4 务必收敛

微温的婴儿油帮助毛孔张开吸收滋养，因此务必要用化妆水做好最后的收敛动作哦。

Use It!
强生婴儿润肤油(125ml)

达人推荐！油油肌就用这些

特殊护理

玟萱、嘉文都推荐！

露得清—清透舒缓面膜

(5片/盒)

主要成分：杜鹃花酸、白芷、姜根菁华、姜黄、蒲公英。

推荐原因：天然草本精华能立即舒缓。镇静发炎的不适感，特殊水润分子提供高效润泽，敷起来感觉十分舒爽清新，能预防出油，在感觉痘痘快冒出头之前使用，帮助抗菌舒缓很有效哦。

清洁

BIODERMA——贝德玛净妍洁肤凝胶

(200ml)

主要成分：洁净因子、硫酸铜、硫酸锌。

推荐原因：弱酸性、不含皂碱、不会刺激皮肤或使肌肤干燥，能卸妆清洁无负担，可调理皮脂分泌、收敛、控油、减少脸部油光、细致毛孔。香味清新、泡沫细致丰富，洗后清爽舒适。

滋润

可伶可俐——水漾柔嫩乳液

(125ml)

主要成分：芦荟、小黄瓜、绿茶萃取。

推荐原因：专为年轻肌与油性肌设计，天然的清新呵护，为肌肤注入饱满的水分，让肌肤清爽保湿一整天不出油，不致粉刺的清爽配方，只加水不加油。淡淡植物清香，舒爽好吸收。

滋润

URIAGE——优丽雅青苹果清透保湿霜

(40ml)

主要成分：加拿大柳兰菁华、甘草酸。

推荐原因：长效控油不泛油光，能在肌肤外表形成保护膜，舒缓油性青春痘肌肤的不适。针对外油内干肌肤，给予超清透不油腻的水嫩保湿感，低敏无油脂是油性肌最佳保湿控油品。

特殊护理

玟萱推荐！

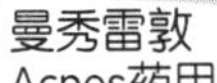

曼秀雷敦
Acnes药用抗痘UV润色隔离乳

(30g)

主要成分：维生素E、维生素B_6、迷迭香萃取。

推荐原因：这系列在日本的SPF50那款就有很多艺人推荐过，这款SPF30 PA++的也很优，抗菌成分能控油抗痘，吸收多余皮脂。低刺激性，适合妆前打底，润色配方还能代替粉底使用。

Check! 油油肌的保养对策

怎样分辨油油肌？

- 油脂分泌旺盛，总是油光满面。
- 毛孔较为粗大且明显。
- 角质堆积肥厚。
- 不一定常冒痘痘，但粉刺很多。
- 吸油面纸一次要用好几张。
- 肌肤不粗糙，很有弹性。
- 上妆容易因出油而脱妆。
- 不容易产生细纹皱纹。

嘉文的美肌心得分享！

达人教室

建议爱漂亮的美眉们，挑选保养品时，不要什么都想要、什么都想用，总是看什么广告多、什么有名就买什么，也不管适不适合自己的肤质，甚至很多人其实根本不了解自己的肤质，就胡乱涂一堆东西在脸上。

这边跟大家分享一个方法，可以让你更了解自己的肤质，试着每个礼拜固定一天什么保养品都不要擦，只要做好基础清洁即可。让肌肤好好休息、自由呼吸一天，可以观察自己的肌肤，会不会出油、干燥，还是混合性两颊干燥与T字出油。此时显现出来的肤况，才是你最真实的肤质，不会因为擦了一堆保养品，误导了你对自己肤质的认知。譬如，明明是干性肌肤，但擦了太油太刺激的保养品，导致肌肤出油或长痘痘，就误以为自己是油性肌或痘痘肌。

另一方面，肌肤应该有自我修护保护的能力，每个礼拜让肌肤休息一天，唤醒肌肤自我修护的能力，才不会因为保养品过多或密集的使用，让肌肤造成依赖性，自体保护机制反而退化!

油油肌的产品选择原则

清洁品: 深层清洁型，凝胶、泡沫、皂状、泥状较适合。

调理品: 植物性清爽收敛的化妆水。

滋润品: 不致粉刺的清爽型保湿乳液或精华液。

特殊护理品: 舒缓保湿控油面膜、清爽防晒隔离霜。

油油肌适合的保养成分

天然植物成分能舒缓保湿，最适合油油肌，如金盏花、洋甘菊、金缕梅、茶树精华、薄荷、芦荟、小黄瓜、绿茶萃取等；能够畅通皮脂腺与帮助代谢角质的果酸也很适合。

油油肌的保养小提醒

- 多喝水，多吃水果，少吃油炸或甜食。
- 深层清洁后要做好收敛工作。
- 挑选一些天然植物萃取成分的产品。
- 适度去角质，一周 2~3 次。
- 早晚洗脸，若出油旺盛，中午可用化妆水调理清洁。
- 适度温和的运动能帮助皮脂分泌正常。
- 适度保湿，不要让肌肤过于干燥。
- 擦保湿品时，T字、两颊用量不同，两颊较干燥部位是T字的两倍。

油油肌最想知道的 Q&A 大解惑

Q：油性肌肤使用保湿产品不是会让肌肤越来越油吗？

A：油油肌常犯的最大错误就是让脸部过于干燥，因为害怕出油更严重，所以不敢做保湿，甚至过度吸油或清洁，反而让问题更严重。

油性肌肤保湿也很重要，适当的保湿反而可以抑制出油量，只要选对专用的控油保湿品，天然植物性成分最优，或是有标示不含油脂(oil-free)、不致粉刺、不具致痘性的产品即可。

TIPS! 油油肌的保养要点

Tips 1 彻底清洁

Step 1
搓出细致泡沫

使用摩丝状或是能搓出丰富细致泡沫的控油洗颜产品，能温和带走油脂。

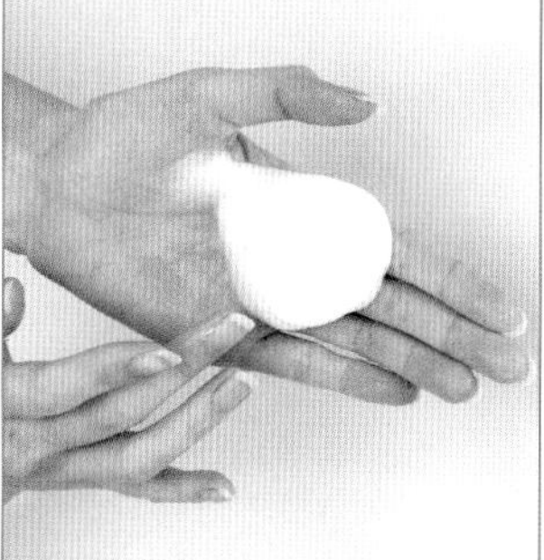

Step 2
加强T字清洁

洗脸时可加强T字较易出油部位的按摩清洁，帮助代谢老旧皮脂。

Tips 2 调理收敛

Step 1
清爽控油化妆水

使用质地清爽保湿的化妆水，帮助控油调理肌肤，二次清洁。

Step 2
加强T字调理

使用化妆棉，于T字、下巴出油较旺盛部位加强调理收敛。

Tips 3 控油保养

Step 1
舒缓保湿面膜

选用能清爽保湿，帮助舒缓、抗菌、控油的面膜产品，一周2次护理。

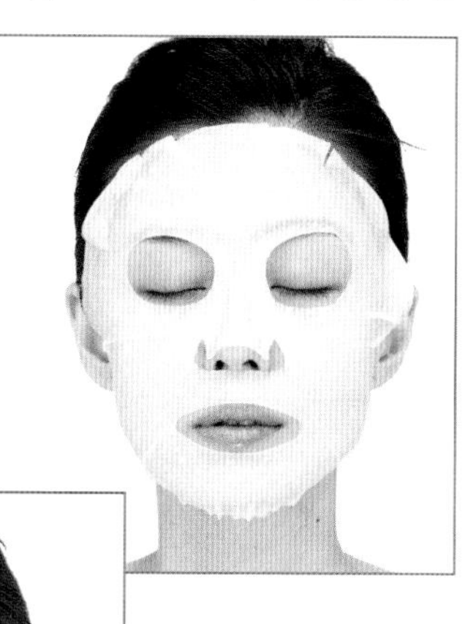

Step 2
控油保湿乳液

使用控油型的保湿乳液，帮肌肤清爽地补水，避免干燥让出油更旺盛。

Tips 4 吸油辅助

Step 1
鼻头+鼻翼

日间出油旺盛，导致脱妆或油光，可斟酌使用吸油面纸，但次数不要过多。

Step 2
额头+下巴

使用吸油面纸时，力道要轻柔，切勿用力地搓擦，避免吸了油却反而擦出细纹。

Use It!

GATSBY——超强力吸油面纸

Use It!

曼秀雷敦——Acnes清爽吸油面纸

达人推荐！敏感肌就用这些

玟萱推荐！

清洁

L'OREAL——温和眼唇卸妆液

(125ml)

主要成分：油水分离洁净配方、维生素原B_5。

推荐原因：使用起来很清爽，玟萱敏感性的肌肤也觉得很温和，能立即卸除眼部与唇部的防水性彩妆，没有油质的油腻感，也很滋润保湿，卸完再用洗面乳清洁一次就干净，价位更是亲切。

调理

URIAGE——优丽雅含氧细胞露

(50ml)

主要成分：活泉水、矿物元素、微量元素。

推荐原因：来自法国天然等渗透压活泉水，拥有舒缓镇静、保湿滋养及抗自由基等三大天然特性。特殊水雾喷头设计，均匀滋润全脸，渗透吸收效果优，随时给予肌肤绝佳的抗敏、保湿、修护。

滋润

Avene——雅漾长效舒缓精华液

(40 ml)

主要成分：活泉水、Liposomes微脂囊剂型。

推荐原因：微小分子结构易渗透好吸收，特殊囊体具优越长效保水功能，使活泉水作用慢慢释放，提高肌肤自有防御能力。质地清爽，舒适保湿，适用于脸部干燥、红肿潮红、日晒后、刮胡或脱毛后、蚊虫叮咬后等敏感状况。

特殊护理

NOV——娜芙 防晒隔离霜SPF35 PA++

(30g)

主要成分：物理防晒剂、维生素E、甘草萃取。

推荐原因：是日本低敏的权威品牌，这款防晒、隔离、保湿三效合一之防晒型乳霜，能隔离紫外线、彩妆、脏污，抗发炎、抗自由基，并舒缓滋润、修护肌肤。帮助敏感肌做好防护避免敏感加剧。

Check! 敏感肌的保养对策

怎样分辨敏感肌？

✻肤色易泛红至红肿发热。
✻容易干燥产生脱皮、皮屑。
✻肌肤弹性不佳，没有光泽。
✻擦保养品会有刺痛不适感。
✻皮肤常会干痒难受。
✻看得到肌肤的微血管。
✻肌肤角质层很薄。
✻上妆会有闷闷痒痒的不适感。

玟萱的美肌心得分享！

达人教室

敏感肌肤的清洁很重要，尽量减少化妆，如果不得已要上妆，一定做好卸妆清洁的工作，但因卸妆产品通常较刺激，所以在产品挑选上更应小心仔细，成分要温和不致敏，质地选择水状液状最优，尤其是更敏感的眼唇部位，推荐L' OREAL的眼唇卸妆液，温和不刺激，质地滋润又能快速且干净地卸妆。

另外，敏感肌的保湿与防晒隔离也要做好，避免因为干燥缺水、紫外线、彩妆、脏污，导致肌肤敏感的情况更严重哦。

敏感肌的产品选择原则

清洁品:不含皂碱的保湿舒缓型或是免水洗型，液状、乳霜状较优。
调理品:不含酒精、成分温和，舒缓保湿的喷雾式活泉水最优。
滋润品:通过皮肤品敏感测试的医学美容保养品。
特殊护理品:温和不刺激、物理性的防晒隔离品。

敏感肌适合的保养成分

活泉水、矿物质、微量元素等舒缓镇静成分，玻尿酸、维生素E、甘草萃取等温和保湿成分，物理防晒成分。

敏感肌的保养小提醒

✻用最温和清洁用品与保养品，医学美容商品最优。
✻暂停化妆或是使用低敏的彩妆品。
✻肌肤严重过敏时，改以清水洗脸，搭配化妆水二次清洁。
✻一定要防晒，擦物理性温和的防晒隔离品。
✻多喝水多运动，避免烟、咖啡或其他刺激性食物。
✻购买保养品前，可以先试用于耳下肌肤测试。

敏感肌最想知道的 Q&A 大解惑

Q:我不是敏感肌，但为什么有时会突然产生敏感现象？

A:当过敏情况发生时，要发扬追根究底的精神，试着想想问题可能发生的原因，是否因为日晒过久导致干燥、发炎的敏感？或是季节交替冷热湿度变化造成的敏感不适？是否正开始使用某个新买的保养品或彩妆品？甚至是日常用品如洗衣粉、牙膏等也有可能是过敏来源。

除了找出过敏原因对症下药，并改用抗敏修护型的保养品，让保养流程简化，暂停涂涂抹抹一堆东西，更勿擅自涂擦药膏。若过敏情况一直未见好转，一定要寻求专业皮肤科医生的协助哦!

TIPS! 敏感肌省钱急救这样做

Tips 1 矿泉喷雾＋面膜纸 皮肤科医生 Bye Bye!

Step 1

喷湿面膜纸

先喷上少许矿泉喷雾于脸部，再喷于干面膜纸上使其均匀湿润渗透活泉水。

Step 2

敷上面膜

将湿润的面膜敷于脸部10~15分钟，两颊干燥、敏感、日晒潮红都能获得舒缓。

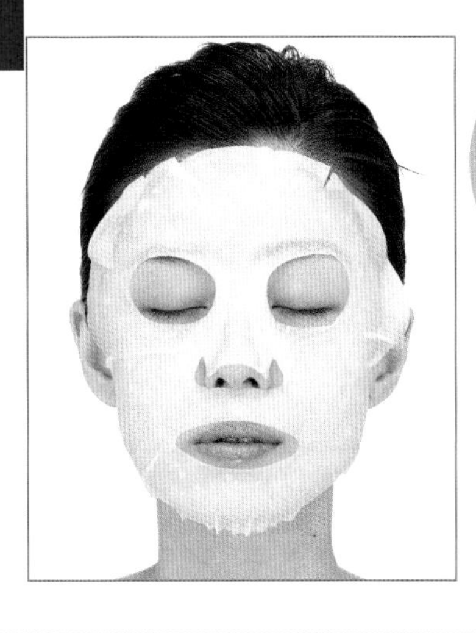

Use It!

天然素材面膜
(抗敏感100%棉)

除菌后的纯棉细致面膜纸，能帮助充分释放活泉水于肌肤，敏感肌也适用。

Tips 2 矿泉喷雾＋眼膜纸 局部加强护理，一小包就好好用！

敷法1

眼下干燥细纹、眼袋浮肿、黑眼圈，这样敷!

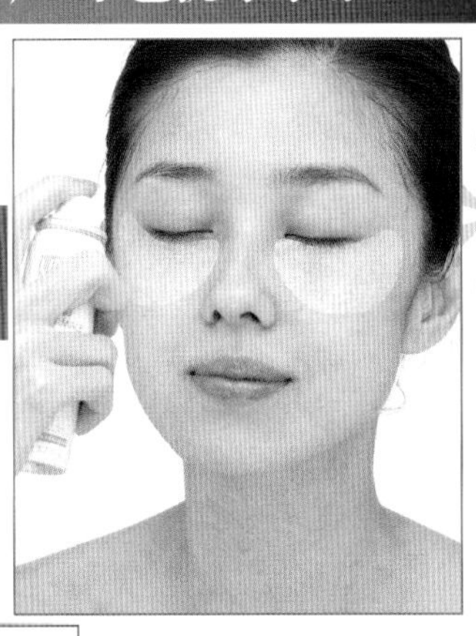

敷法2

法令纹、嘴角干裂细纹，这样敷!

敷法3

鼻子、下巴干燥脱皮、紧缩毛孔粉刺，这样敷!

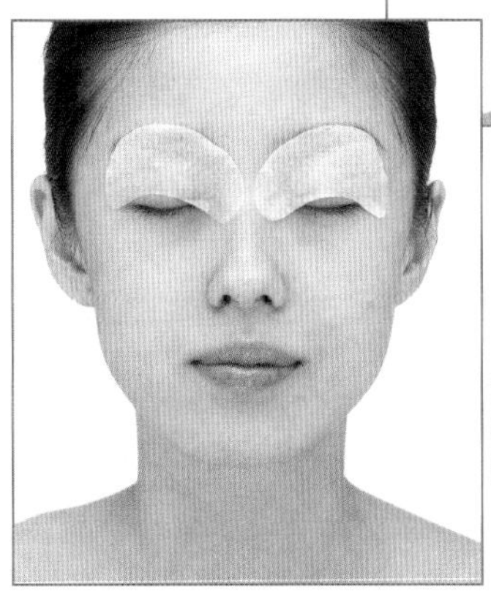

敷法4

上眼干燥、修眉收敛，这样敷!

Use It!

天然素材眼膜
(抗敏感100%棉)

针对敏感肌的100%无菌纤维棉材质，裁切好的眼膜形状，其他部位也适合哦。

达人推荐！斑点肌就用这些

玟萱推荐！

特殊护理

OLAY——玉兰油净白淡斑舒展面膜
(5片/盒)

主要成分：维生素B_3、虎耳草、桑树萃取。

推荐原因：创新的3D格纹弹性设计，与脸部每一寸肌肤紧密贴合，真的是超服帖，让丰润的美白精华能加倍深入肌肤，净白淡斑的效果敷完立现，特有草本舒压香味，让人有像SPA般放松舒适的敷脸感受。

玟萱推荐！

滋润

Kose——润肌精 高保湿乳液
(150ml)

主要成分：地黄萃取液、牡丹萃取液、紫锥花萃取液、玫瑰花蒂油。

推荐原因：要减少斑点黑色素的生成，首先要先调理健康肤质基底，营造丰嫩饱满的柔润美肌，斑点就不容易生成。这款乳液保湿很优，浓郁柔润的触感，能迅速渗透，并使肌理整齐细致。

调理

NARIS UP——白金嫩白化妆水
(180ml)

主要成分：白金成分、维生素C。

推荐原因：话题的白金成分与维生素C配合，能加强保湿、延缓老化、有效嫩白，淡化肤色暗沉与斑点，提升肌肤透明无瑕感。用于全脸的调理保湿，加强湿敷于斑点部位，效果更佳。

清洁

L'OREAL——完美净白细致晶粒洁面露
(100ml)

主要成分：专利净白因子、净白去角质晶粒。

推荐原因：这款能在洗脸同时抵抗黑色素，净白去角质晶粒能深层进入毛孔，清除老化角质，淡雅清香让洗脸舒适清爽无负担，并帮助改善肤色暗黄、斑点与色素沉淀，肌肤更加白皙无瑕。

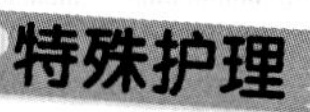

特殊护理

Kanebo——肤蕊 集中美白精华
(30g)

主要成分：维生素C、胶原蛋白、陈皮精华液、乳酸菌发酵精华液。

推荐原因：可于斑点部位加强使用，尖管设计，只要1~2颗珍珠粒大小，就能针对斑点集中修护、美白淡化，使斑点不增生，还能代谢老化角质层，质地是偏乳液状再浓稠一些，但很好吸收，价格也很合理。

玟萱推荐！

特殊护理

PALGANTONG剧场魔匠面具四合一BB CREAM
(25g)

主要成分：马齿苋精华、水凝透亮分子、玻尿酸。

推荐原因：人气韩国品牌，这款是现在很热销的BB CREAM，集美容液、隔离霜、粉底霜、防晒霜四大底妆功能于一身，防护斑点免受日晒增生，并能修饰加保湿，质地细致，单擦即能呈现自然无瑕裸妆感。

Check!斑点肌的保养对策

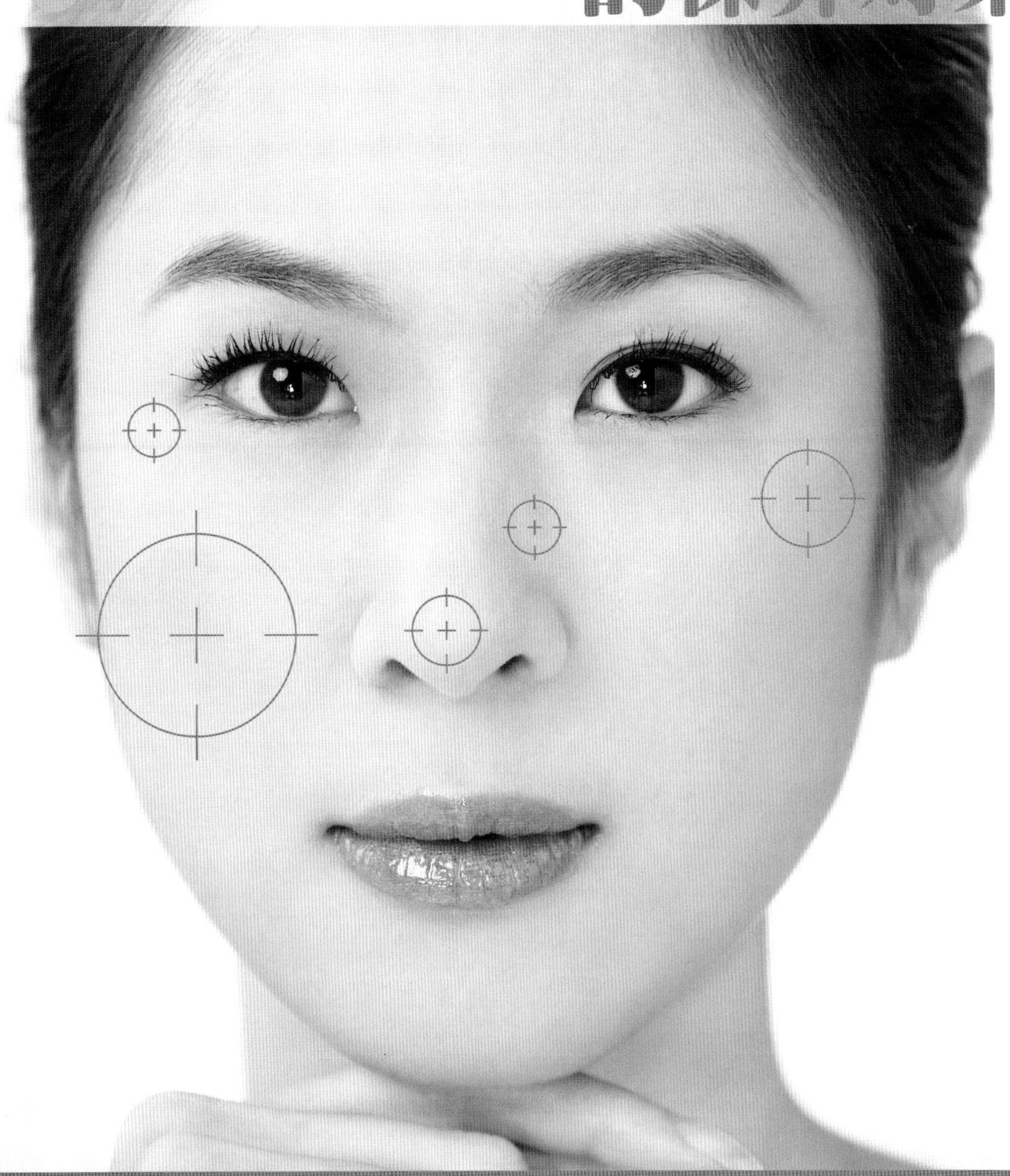

Q: 斑点的种类有哪些？

A:

先天性色素斑

太田母斑:可能出现于单边脸或全脸，蓝紫色或蓝黑色的一整片斑。

颧骨母斑:两侧颧骨，灰蓝色米粒大小群聚，经日晒后变成深棕色，是因为真皮层黑色素细胞增生所导致。

雀斑:幼年开始出现，常见于两颊及鼻梁，米粒大小棕色斑点，除了遗传的原因外，日晒也会使颜色加深。

后天性色素斑

晒斑:日晒紫外线导致，眼周、双颊、额头、鼻梁处，出现点状芝麻大小的浅褐色斑点。

肝斑:因颜色很像煮熟的猪肝，所以得其名，并非与肝功能好坏有关，是因受到日晒、老化、压力、内分泌荷尔蒙的变化影响而产生。好发于熟龄妇女的两颊、颧骨处，逐渐增深的棕色斑。

TIPS! 斑点肌的护理要点

玟萱的美肌心得分享!

达人教室

想要对抗斑点与黑色素，防晒是重要也是最基本的工作，不要以为阴天、冬天或在室内就不必防晒，完整全面的防晒才能更有效抑制斑点。另外，保湿做得好，拥有健康的肌肤基底，也能帮助改善斑点。

可以试试现在最话题的BB Cream，我推荐剧场魔匠面具品牌的四合一BB CREAM，集美容液、隔离霜、粉底霜、防晒霜四大底妆功能于一身，不但能帮助防护紫外线，不会受日晒增生斑点，隔离彩妆，还能保湿+修饰斑点，只要一瓶即完成保湿、防护、遮瑕哦!

斑点肌的产品选择原则

清洁品:美白型的洗颜品。

调理品:美白淡斑型的保湿化妆水。

滋润品:美白保湿乳液。

特殊护理品:局部淡斑精华、淡斑保湿面膜、防晒隔离品。

斑点肌适合的保养成分

果酸、维生素C、熊果素、传明酸、麴酸、鞣花酸、洋甘菊萃取、维生素B3、桑树萃取能帮助亮白，淡化色素；胶原蛋白、玻尿酸等帮助保湿。

斑点肌的保养小提醒

- 彻底卸妆清洁，避免彩妆脏污造成色素沉淀。
- 注意足够的保湿滋润，打造健康肤质基础。
- 温和适度去角质，选择温和细致的去角质品。
- 选择美白淡斑的产品，在保养同时帮助亮白淡化。
- 使用局部淡斑产品，针对斑点处加强护理。
- 防晒工作要确实，尽量避免暴露阳光下。
- 温和运动，提升代谢力，少吃刺激性食物。

Tips 1 湿敷斑点

选择美白淡斑型的化妆水，拍于全脸后，可以加强斑点部位的湿敷护理。

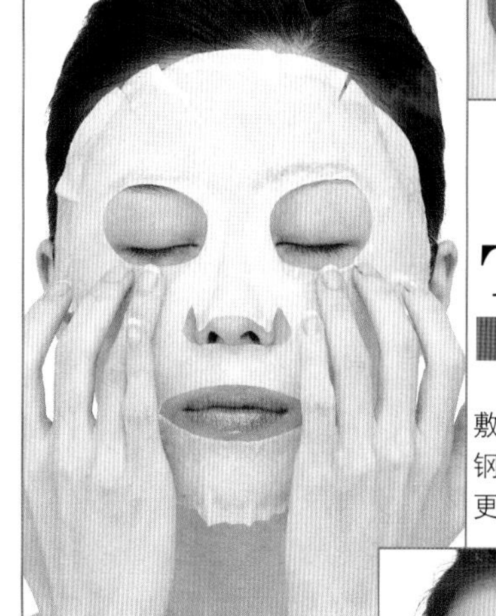

Tips 2 面膜+指压

使用美白淡斑面膜，敷脸时加强斑点部位以弹钢琴式的轻点按压，效果更好。

Tips 3 集中淡斑

选择一支局部淡斑的产品，在保养中特别针对斑点部位做集中淡化修护。

Tips 4 防晒保护

为了抑制斑点的加深或增生，防晒预防工作一定要做好，才不会前功尽弃。

达人推荐！痘痘肌就用这些

牛尔推荐！

调理

广源良菜瓜水

(100ml)

主要成分：丝瓜茎提炼而成的天然菜瓜水。

推荐原因：完全没有添加其他物质，精纯天然的丝瓜水，对于较敏感的痘痘肌而言是不错的清洁调理品，可使肌肤常保水嫩、光滑，并具有保湿、舒缓、提神、滋润、清凉之功效。

牛尔推荐！

清洁

LA ROCHE——POSAY

理肤泉青春舒缓洁颜摩丝

(150ml)

主要成分：甜没药醇、温泉水。

推荐原因：甜没药醇与理肤泉温泉水，具有舒缓、消炎抗过敏、消红肿、镇静安抚效果。这款是专为青春痘肌肤设计的洁颜品，其细致的泡沫质地可深层清洁，不含皂碱性不刺激皮肤。

牛尔推荐！

调理

BIOPEUTIC——葆疗美果酸调理液AHA8

(118.5ml)

主要成分：8%甘醇酸、净白甘草精华、尤加利油。

推荐原因：甘醇酸是分子很小的果酸，亲肤性佳，可加速老化角质脱落，促使肌肤更新，洗脸后以化妆棉沾取适量擦拭于脸部，初使用时有轻微刺痛感为正常现象，数次后，肌肤变得较为光滑明亮，痘痘减少。

牛尔推荐！

滋润

Heme——Basic痘痘肌专用乳液

(120ml)

主要成分：水杨酸、茶树精油、金缕梅萃取、尿囊素。

推荐原因：痘痘肌最害怕的就是油腻浓郁的质地，这款乳液非常清爽，含有茶树精油和水杨酸等具抑菌效果的成分，可软化、重整角质，让肌肤油水平衡，还能预防面疱，擦起来肌肤一点也没负担感。

牛尔推荐！

特殊护理

Dr.Wu——BHA净痘局部精华

(15ml)

主要成分：高浓度维生素B_3、传明酸、生化硫、水杨酸。

推荐原因：对于突然冒出的痘痘，这是一款不错的急救品，能立即抑制及舒缓痘痘所造成之发炎红肿与不适，还能疏通阻塞毛孔、抑制细菌增生，减缓痘痘形成，并可调理毛孔粗大与过度出油的现象。

Check! 痘痘肌的保养对策

怎样分辨痘痘肌？

- 并非间歇性的零星冒痘。
- 脸上长期有大大小小或大范围的痘痘。
- 容易发红、形成脓包。
- 毛孔粗大、粉刺明显且多。

牛尔老师上课！

达人教室

痘痘肌的产品选择原则

清洁品:温和控油抗菌的清洁品，皂状、泡泡状、摩丝状最适合。

调理品:天然植物性成分的化妆水或果酸调理液。

滋润品:清爽的痘痘肌肤专用保湿乳液或保湿凝胶。

特殊护理品:局部的抗痘精华。

痘痘肌的保养小提醒

- 干性的痘痘肌，要多注意保湿；油性的痘痘肌，清洁要做好。
- 避免过度清洁及用力地洗脸，每日不超过三次。
- 痘痘较多的部位建议最后清洁，避免感染扩大。
- 选择低刺激性的清爽控痘保养品。
- 不要按摩脸部，痘痘容易感染恶化。
- 适度的运动或去角质工作，帮助代谢循环。
- 避免吃太多甜食，减少食用刺激、油腻的食物。
- 不要使用含油量高、太过滋养的乳霜、精华液。
- 避免熬夜与作息不正常。
- 尽量少挤压痘痘与粉刺，避免痘疤与色素沉淀。
- 若真要挤痘痘，必须做好消毒杀菌的工作。
- 挤痘痘或是使用痘痘贴布，必须是有开口的痘痘。
- 加强防晒隔离工作，避免日晒与脏污让痘痘恶化。
- 若过度使用痘痘药膏，可能会有干燥脱皮情况。
- 厚重的妹妹头刘海，容易使额头狂冒痘，助长痘痘的感染扩散。

痘痘肌适合的保养成分

A酸、果酸能畅通皮脂腺预防毛孔阻塞与粉刺；水杨酸能温和清除毛孔脏污，缩小毛孔；杜鹃花酸，能美白淡化痘疤，天然油溶性的甜没药醇、茶树精油、金缕梅萃取、甘草、芦荟、凤梨酵素、天然菜瓜水、氨基酸、尿囊素等，能保湿、舒缓、收敛、退红。

痘痘肌最想知道的 Q&A 大解惑

Q: 油痘痘的成因与类型？

A：长痘痘不一定是青春期或是油性肌肤的专利，痘痘的形成原因有很多，包括毛孔开口处角质异常、皮脂腺分泌过盛、痤疮杆菌的繁殖增生、紫外线的曝晒、使用不合适的保养品与化妆品、清洁与去角质不当、过度挤压粉刺、压力、作息不正常、荷尔蒙的影响等。

若以形成原因来看，大致可分为以下几类。

青春痘：青春期的少年，皮脂分泌最旺盛。

压力痘：情绪起伏大，肾上腺素分泌量提高，刺激皮脂分泌。

熬夜痘：因为睡眠不足、疲劳，甚至便秘，黄体素分泌过多。

MC痘：周期性的痘痘，月经前一周黄体素大量分泌，肌肤出油量高使角质肥厚与痘痘产生，最常出现在下巴与嘴巴附近。

化妆品痘：使用了品质不良、油脂过高或是有致粉刺性的保养品或化妆品，刺激痘痘增生。

发炎痘：过度挤粉刺造成发炎形成痘痘，还可能留下色素沉淀的痘疤与破皮伤口。

TIPS! 痘痘肌的护理要点

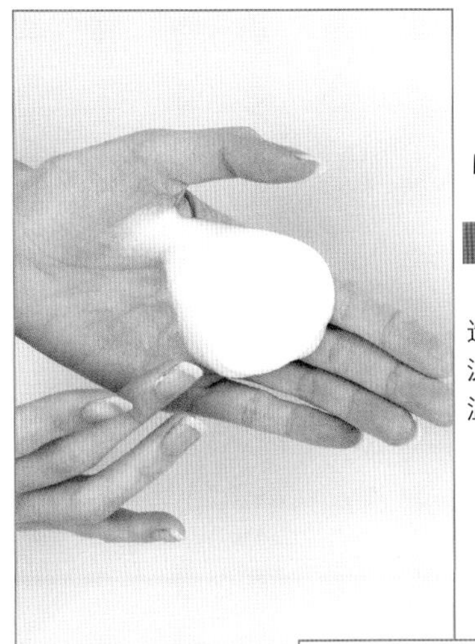

Tips 1

细致泡沫

痘痘肌在洗颜品的选择上，以摩丝状、泡沫状的最为适合，可以温和洗净不刺激。

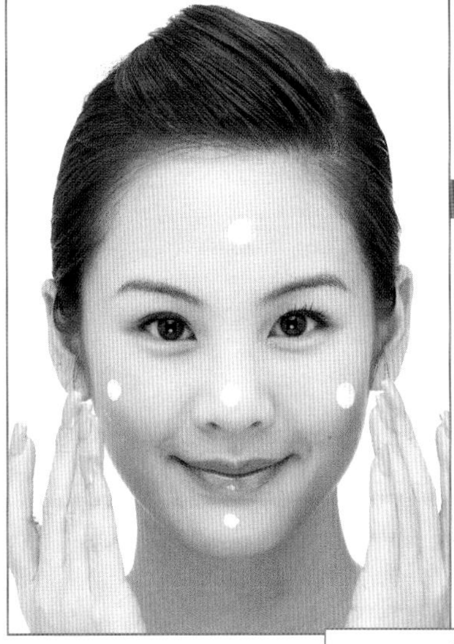

Tips 4

局部护理

若有使用痘痘治疗药膏，应照指示正常分量与次数，局部敷涂，过量使用可能导致脱皮敏感现象。

Tips 2

分区清洁

为了避免痘痘的交叉感染恶化，洗脸时不建议全脸推涂，痘痘处与其他肌肤应分开搓揉。

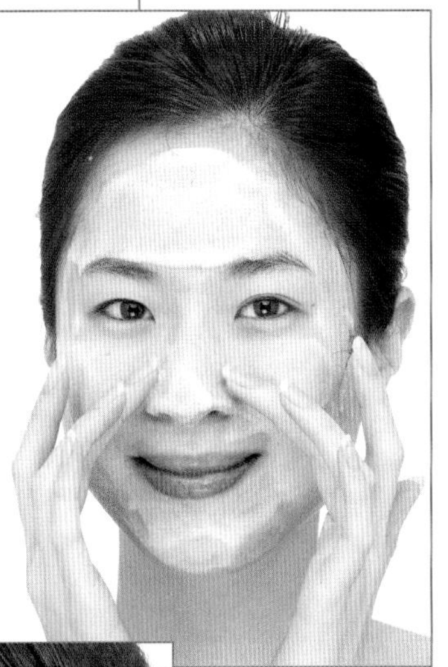

Tips 5

保湿舒缓

痘痘肌仍然要做好保湿工作，使用痘痘肌肤专用的保湿乳液，滋润外还能帮助舒缓、抗菌、控痘。

Tips 3

调理镇静

洗脸后，以化妆水、菜瓜水、果酸调理液等产品，全脸保湿外，并加强痘痘局部调理。

Tips 6

防晒隔离

空气中脏污与紫外线容易造成痘痘更加恶化，所以一定要做好完整防护隔离，降低色素沉淀与痘疤形成。

达人推荐！

暗沉肌就用这些

清洁

Kanebo——肤蕊 双效皂霜

(130g)

主要成分：天然白泥、胶原蛋白、陈皮精华液、乳酸菌发酵精华。

推荐原因：天然白泥能有效吸附毛孔污垢及黑头粉刺、清除造成肌肤暗沉的老化角质，能快速打出丰富细致的泡沫，温和清洁保湿优，洗净后仍能维持肌肤所需水分，同时可卸除淡妆。

调理

Kanebo——肤蕊 角质调理化妆水

(200ml)

主要成分：胶原蛋白、陈皮精华液、乳酸菌发酵精华。

推荐原因：老化角质堆积会造成肌肤暗沉无光泽，这款擦拭型的角质调理化妆水，可温和代谢清除老化角质，加速后续保养品吸收。日间可代替洗脸用，洗脸后用也有二次清洁效果，触感清爽舒适。

玟萱、嘉文都推荐！

滋润

Kose——润肌精 润密活肤乳液(超丰润型)

(130ml)

主要成分：汉方植物萃取、氨基酸、蜂王乳。

推荐原因：做好保湿工作，能让暗沉肌肤透出自然光泽，这款含丰富的润泽成分可紧紧锁在肌肤里，渗透至肌肤底层，在肌肤表面形成保护薄膜，防止润泽成分流失，打造柔嫩富有弹性的肌肤触感。

特殊护理

Dr.Wu——VC微导美白面膜

(3片/盒)

主要成分：新型维生素C诱导体、杜鹃花酸衍生物、鸡尾酒式亮白复方。

推荐原因：美白面膜是改善暗黄肌肤最迅速有效的利器啦!这款专利微导棉科技，能完全紧密贴合脸部曲线，促使浓缩美白精华有效渗入肌肤并释放，强效淡化并抑制黑色素，让肌肤由内而外白皙透亮。

滋润

Kose——精华补给 莹透美白精华

(30g)

主要成分：维生素C诱导体、比菲得式菌萃取液。

推荐原因：抑制麦拉宁色素的生成，给予肌肤水嫩莹透感及润泽、淡化黑斑雀斑，虽为霜状质地，却能良好延展于肌肤促进吸收，让有效成分深层渗透，并帮助调理肌理整齐，恢复肌肤透亮感。

滋润

NARIS UP——白金嫩白凝胶霜

(42g)

主要成分：白金成分、维生素C。

推荐原因：能加强保湿，延缓老化，有效嫩白并改善肤色暗沉，提升肌肤透明无瑕感，半透明凝胶质地，很清爽好吸收，无黏腻感，亦很好延展推涂，帮助展现明亮光泽肌肤。

Check! 暗沉肌的保养对策

怎样分辨暗沉肌？

- 肤色整体暗黄不均，无光泽感。
- 选粉底时比以前暗了一个色号。
- 黑斑、雀斑颜色变深。
- 皮肤触感较僵硬粗糙。
- 肌肤干燥缺水。
- 程度不一的黑色素沉淀。
- 黑眼圈问题严重。

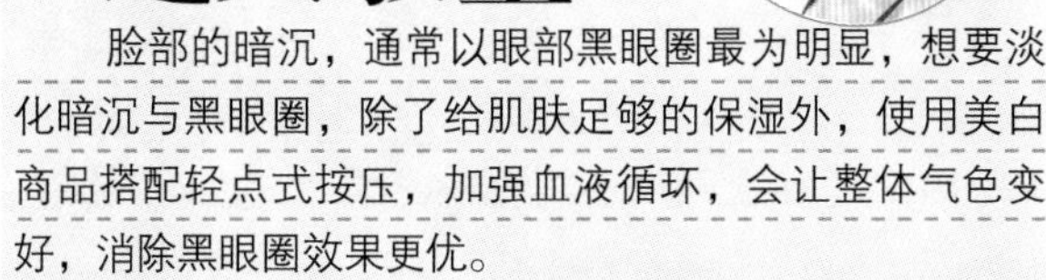

达人教室

脸部的暗沉，通常以眼部黑眼圈最为明显，想要淡化暗沉与黑眼圈，除了给肌肤足够的保湿外，使用美白商品搭配轻点式按压，加强血液循环，会让整体气色变好，消除黑眼圈效果更优。

在美白产品的选择上，推荐日系的开架品牌，因为亚洲女性普遍喜爱美白保养话题，因此日系的美白商品发展的比欧美更丰富多元，设计上也较适合中国台湾女性肌肤。

暗沉肌的产品选择原则

清洁品:美白保湿洗颜品。
调理品:温和去角质型保湿化妆水。
滋润品:丰润的美白保湿乳液、乳霜、精华液。
特殊护理品:美白面膜、防晒隔离品。

暗沉肌适合的保养成分

维生素C、熊果素、麴酸、鞣花酸、传明酸、洋甘菊萃取、果酸、左旋C、桑葚根萃取、桑树华、白金成分、维生素B_3等。

暗沉肌的保养小提醒

- 加强去角质、美白保湿与防晒工作。
- 选择有效美白与抗氧化成分产品。
- 多喝水、多吃蔬果，适度运动，皮肤新陈代谢更好。
- 少抽烟，抽烟会使皮肤粗糙，黑色素增生。
- 保养时搭配按摩，帮助血液循环，让美白成分更有效吸收。
- 维持正常的生活作息、充足的睡眠。
- 尽量避免中午外出或是长时间暴露太阳下。
- 防晒工作要勤劳补擦。

暗沉肌最想知道的Q&A大解惑

Q：去角质有哪些不同的方法呢？

A：**物理性去角质**

物理性的去角质是指借由外力与肌肤形成摩擦，进而达到去除老旧角质的目的。有各式各样的磨砂膏、去角质霜、颗粒柔珠、去角质海绵或去角质巾等产品，使用时需注意产品的细致度，并拿捏好摩擦的力道，不要太过用力搓揉，否则会容易刺激肌肤引发敏感。温和的去角质海绵或洗颜巾可以每日搭配洗脸使用，较强效的颗粒磨砂膏，一周1~2次即可。

化学性去角质

化学性的去角质做法，则是运用各种不同的酸类保养成分来达到去角质的日的，像是维生素A酸、果酸、水杨酸等，其中又以果酸与水杨酸的使用最为普遍。在正常的浓度下，能温和帮助老化角质脱落，增进表皮之新陈代谢，适合长期使用。

Q：晒黑晒伤的肌肤可以马上做美白吗？

A：皮肤不小心晒黑晒伤后，最重要的第一件事是保湿修护，要等到肌肤舒缓镇静并恢复健康状态后，再开始擦美白商品。切勿在肌肤仍处于脆弱受损的敏感时刻，就急于使用美白产品，否则可能会导致更刺激肌肤，让敏感不适更严重。美白要有健康的肤质基底才更能发挥效果哦。

Plus! 摆脱暗黄菜菜脸这样做

搭配去角质海绵洗脸，每日温和抛光，不用再买去角质霜了！

Step 1
搓揉起泡

取适量洗颜产品，加水于去角质海绵中搓揉，能帮助快速产生细致丰富泡沫。

Step 2
两颊画圆

将充分起泡的海绵，于两颊轻轻由内向外以画圆方式温柔地按摩清洁。

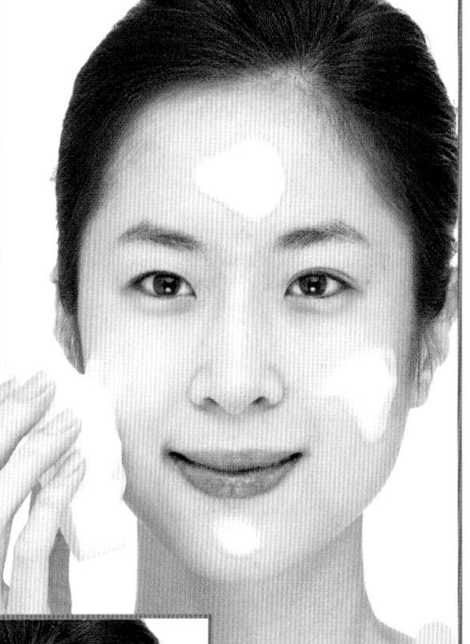

Step 3
鼻翼两侧

容易堆积油脂角质的鼻头与鼻翼两侧，可加强按摩清洁，帮助深层清洁毛孔。

Step 4
额间清洁

额头出油旺盛，也容易暗沉堆积老旧角质，加强额间由中间往左右画圈按摩清洁。

Step 5
下巴+颈间

下巴角质层较厚，也是最容易有痘疤的部位，清洁时记得延伸至颈间来回按摩。

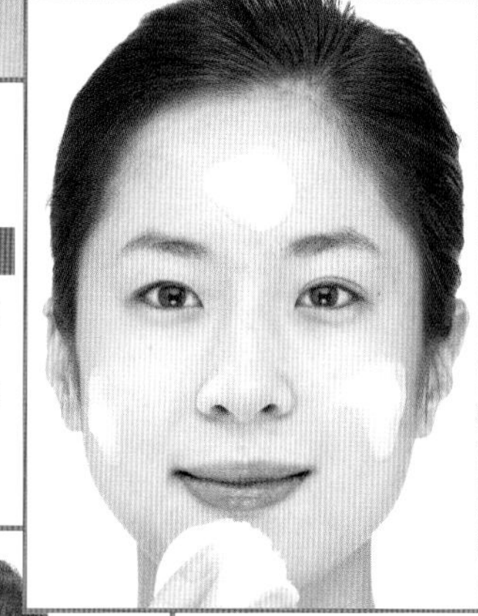

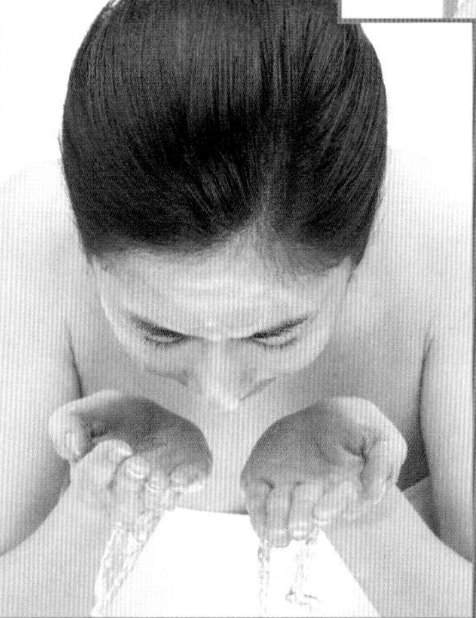

Step 6
彻底冲净

海绵帮助温和去除代谢掉的角质与污垢，可不要让它继续留在肌肤上，要彻底冲净。

Use It!

蚕丝蛋白去角质洁肤海绵

材质细致的海绵波纹设计，帮助温和去角质，可天天使用。

达人推荐！细纹皱纹肌就用这些

调理

Kose——润肌精 润密活肤化妆水(超丰润型)
(180ml)

主要成分：汉方植物萃取、氨基酸、蜂王乳。

推荐原因：这款化妆水不但高保湿，还能活化肌肤，预防细纹与皱纹产生，浓密的润泽成分能深层渗透，水乳状化妆水滋润效果优异且长效，让使用后的肌肤饱满柔嫩、平滑有弹性。

特殊护理

Kose——活力醒肤Q10草本面膜
(4片/盒)

主要成分：辅酶Q10、甘油、丝氨酸、酪梨萃取、冬虫夏草萃取。

推荐原因：密闭集中保湿效果，充分传送大量养分至肌肤底层，防止肌肤因干燥产生细纹皱纹，并充分滋润令人在意的小细纹，赋予肌肤张力、光泽感，取下面膜能立即感觉肌肤平滑紧致有弹性。

清洁

AQUALABEL——紧致活妍洁肤皂
(110g)

主要成分：高丽人参精华、胶原蛋白、氨基酸、玻尿酸、野玫瑰精华。

推荐原因：适合熟龄肌肤使用，温和、柔密、丰润的泡沫，给予熟龄肌肤最佳的洗颜感受与呵护，能同时去除老化角质，彻底洗净肌肤，并深层导入保湿，让熟龄肌不会因为干燥而导致细纹增生。

滋润

LIPOBEAUTE——Q10活力乳液
(120ml)

主要成分：Q10、氨基酸。

推荐原因：高保湿的成分与话题成分Q10配合，具有良好抗氧化效果、增加肌肤活性与代谢力，恢复紧致弹性，维持肌肤不干燥且更加年轻光彩。延展性极佳，丰润滑顺的质地，适合干性肌或熟龄肌使用。

特殊护理

宠爱之名——眼部除纹紧致精华
(10ml)

主要成分：藻紧肤精华、玻尿酸、甘草复合精华。

推荐原因：能立即作用于表皮角质层发挥紧致拉提效果，再于真皮层加速弹性纤维细胞与胶原蛋白生长，使眼周肌肤平滑有弹性，对抗因年龄增长及地心引力产生的老化松弛，不长肉芽配方，让眼部无瑕无负担。

Check! 细纹皱纹肌的保养对策

怎样分辨细纹皱纹肌？

- 肌肤干燥不平滑。
- 肌肤不够紧实，有松弛现象。
- 表情纹、抬头纹非常明显。
- 眼周有小细纹和较深的鱼尾纹。
- 常皱眉头，眉间出现明显纹路。
- 不是熟龄肌，却也有小细纹与明显皱纹。
- 颈部也有一圈一圈的纹路。

玟萱的美肌心得分享

达人教室

细纹和皱纹的出现，是肌肤开始老化的表现，但不一定是熟龄肌肤才会出现细纹皱纹困扰，年轻肌肤也有可能因为肌肤干燥、生活习惯不良、保养不当，甚至睡姿不良，而造成细纹皱纹提早报到。

改善脸部的纹路，最关键的重点就是保湿，肌肤含水量要足够，细胞才会饱满有弹性，细纹就不容易产生。建议选用抗皱与保湿效果兼具的精华液或精华霜产品，可以量多擦一点，配合轻柔按摩力道，由下往上辅助拉提抚平纹路，别忘了颈部也要保养哦。

细纹皱纹肌的产品选择原则

清洁品：滋润型洗颜皂霜。

调理品：丰润保湿的化妆水。

滋润品：含保湿与抗老成分的乳液或乳霜。

特殊护理品：紧实抗皱型面膜、抗皱拉提眼霜。

细纹皱纹肌适合的保养成分

胜肽、Q10、胶原蛋白、氨基酸、玻尿酸、蜂王乳、甘油、人参精华等。

细纹皱纹肌的保养小提醒

- 加强保湿滋润，避免肌肤干燥。
- 选用含抗老、抗皱成分的滋润型保养品。
- 选购眼霜与面膜做特殊护理。
- 保养搭配轻柔按摩，不要用力拉扯肌肤。
- 避免脸部过度丰富的表情。
- 避免睡觉时挤压脸部与颈部。
- 多喝水，补充高蛋白质与胶原蛋白食品。
- 确实做好防晒遮阳，避免皱纹老化提早。
- 作息正常并保持愉快的心情。

细纹皱纹肌最想知道的 Q&A 大解惑

Q：细纹与皱纹产生的原因？

A：**皱纹产生的原因可分为老化因素与非老化因素。**

老化因素：

随着年龄增长，肌肤细胞组织失去支撑的韧性及弹性，此时脸部表情肌肉，如大笑、皱眉、眨眼时所生的纹路就很容易形成固定性皱纹。加上熟龄肌肤胶原蛋白流失，肌肤容易干燥，还有地心引力的交互影响，皱纹也就会愈来愈多、越来越深了。

非老化因素：

1.肌肤过于干燥、营养不足，或常待冷气房。肌肤含水量不够，容易形成细纹。

2.在外风吹日晒，紫外线与污垢会破坏表皮细胞，新陈代谢变迟缓，使皱纹增生。

3.摄取过多烟酒、辛辣刺激的饮食，容易刺激皮肤，对新陈代谢造成不良的影响。

4.皮肤的保养方式不当、过度拉扯或使用了劣质化妆品也是造成细纹的因素。

5.表情太丰富的人，表情肌肉长期过度地收缩拉扯，让表情纹加深。

6.侧睡或蜷曲的睡姿，容易压迫脸部与颈部，产生睡纹或脖子上的一条条横纹。

7.压力大、疲劳、睡眠不足，肌肤健康状况变差，皱纹细纹容易趁虚而入。

Tips! 细纹皱纹肌的按摩重点部位

使用抗皱眼霜＋抗皱精华霜产品，搭配正确按摩，赶走讨厌皱纹！

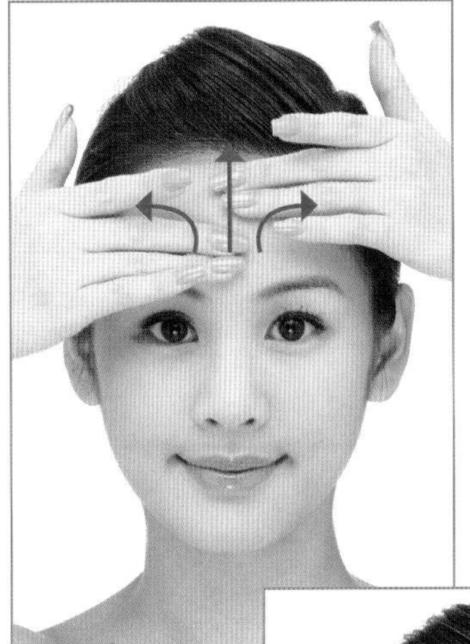

Tips 1 抬头纹

使用抗皱精华霜，从眉间开始，搭配以指腹轻柔向上向外提拉，淡化眉头纹与抬头纹。

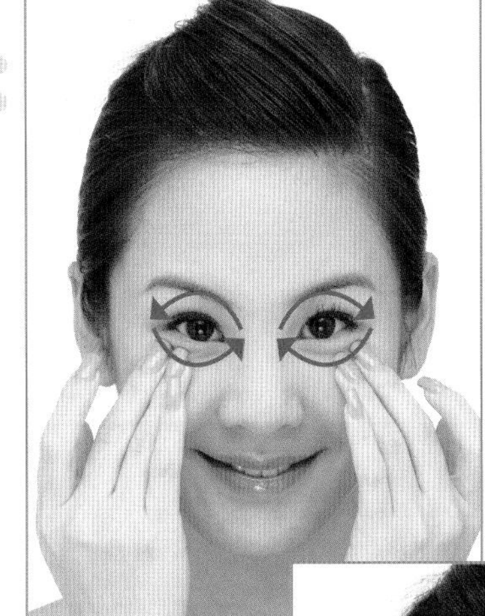

Tips 3 眼周细纹

使用抗皱眼霜，用环状按摩+钢琴式轻弹点压方式，帮助眼霜吸收，滋润眼部，避免细纹产生。

Tips 2 鱼尾纹

使用抗皱眼霜，从眼尾开始，以并拢的指腹，以轻柔的力道，往太阳穴位置推揉抚平鱼尾纹。

Tips 4 法令纹

嘴角细纹与法令纹，可以使用抗皱精华霜，搭配轻柔画圈滑动方式，沿嘴唇周围按摩抚平。

玟萱的小秘方

保湿抗皱霜当晚安面膜用，一夜滋养，让肌肤饱满无细纹。

当肌肤很疲累或干燥的时候，是细纹皱纹最容易产生的时候。为了避免细纹大举入侵，我都会在睡前用保湿晚霜擦厚一点，作为晚安面膜敷脸睡觉，隔天起床肌肤就非常饱满、滑嫩、有弹性。这个方法不仅皱纹肌适用，干性肌或疲劳肌也很适合，1周2~3次即可哦！

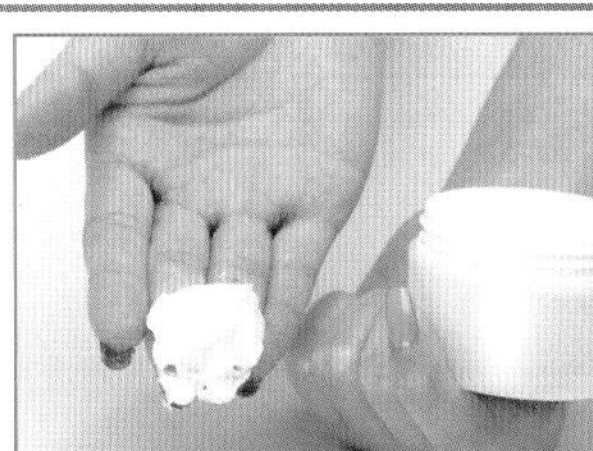

Step 1 足量晚霜

使用保湿抗皱晚霜产品，用量约一般保养的1.5倍，可以先于手掌温热搓开。

Step 2 均匀涂敷

将保湿霜均匀涂上全脸，T字部位可用量较少，较干燥与细纹皱纹部位涂敷的量可较多。

达人推荐！毛孔粗大肌就用这些

清洁

牛尔推荐！

Perfect——超微米洗卸两用洁净乳
(150ml)

主要成分： 保水氨基酸诱导体。

推荐原因： 这是升级后的洁净乳，主要是在泡沫质地上做改变，满足了消费者喜欢丰厚浓郁泡沫的感觉，卸妆力及洁净力都不错，能深层洗净毛孔内的脏污，洗完后肌肤也不会紧绷。

调理

牛尔推荐！

BIOPEUTIC——葆疗美果酸露AHA 10 **(118.5ml)**

主要成分： 高浓度甘醇酸。

推荐原因： 这款相当适合偏油性又容易有粉刺及角质堵塞的肌肤，每晚薄薄一层局部使用于毛孔粗大及出油部位，约一周之后就能够看到毛孔变细致。还有15%以及20%的浓度可选择，但需小心肌肤过敏的问题。

牛尔推荐！

滋润

露得清——毛孔细致精华霜
(30g)

主要成分： A醇0.075%、甘醇酸。

推荐原因： 含A醇与甘醇酸，可以有效代谢肌肤表面的老化角质，达到清洁毛孔的目的，也能代谢黑色素，让肌肤澄澈透净，肌理看起来也较为整齐平滑，达到毛孔缩小的目的。

牛尔推荐！

特殊护理

Heme——天使毛孔抚平膏
(12ml)

主要成分： 挥发性的硅灵、高分子粉体、分子钉、海鲛油、维生素E。

推荐原因： 这款以修饰方式来让人立即感受到毛孔淡化，含分子钉，能强化角质细胞间的间隙，增加肌肤的锁水功能，上妆前先涂抹于毛孔较明显的鼻翼、T字带，平滑毛孔后再上底妆，就能达到遮饰毛孔的效果。

Check! 毛孔粗大肌的保养对策

怎样分辨毛孔粗大肌？

✻毛孔明显、呈圆形或椭圆形。
✻毛孔有污垢堆积。
✻皮肤容易泛油或长痘痘。
✻白头、黑头粉刺都很多。
✻毛孔感觉松弛无弹性。

牛尔老师上课！

达人教室

毛孔粗大肌的产品选择原则

清洁品：保湿+深层清洁洗颜卸妆品。
调理品：有收敛效果的化妆水或果酸调理液。
滋润品：能帮助细致毛孔+保湿的精华液。
特殊护理品：毛孔修饰产品、深层清洁面膜。

毛孔粗大肌的保养小提醒

✻青春型的毛孔粗大，保养着重深层清洁、收敛、去角质、清爽保湿。
✻老化型的毛孔粗大，保养着重抗老、补水、紧致。
✻选择能紧缩毛孔的产品，植物性保湿成分较适合。
✻粉刺可以挤，但要先热敷，挤完务必做收敛动作。
✻用手挤粉刺，清洁干净，针则要用酒精棉消毒。
✻一周1~2次使用深层清洁面膜。
✻使用A酸、果酸浓度要适中(8%~15%)，需小心过敏反应。
✻洗脸后用冷毛巾敷脸，也可以帮助镇静收敛。
✻可局部使用毛孔修饰产品。
✻多运动、睡眠充足、饮食减少油腻刺激。

毛孔粗大肌适合的保养成分

A酸、果酸能改善毛孔角质化、畅通皮脂腺、加速代谢老旧角质与清除毛孔脏污粉刺、预防毛孔阻塞；脂溶性的水杨酸，比较容易进入分泌油脂的毛孔中，能温和不刺激地清理毛孔脏污，缩小毛孔；含高岭土、天然泥、碳酸盐类的敷面泥，能深层清洁吸附油脂；分子钉能强化角质细胞间的间隙；氨基酸帮助保湿。

毛孔粗大肌最想知道的Q&A大解惑

Q：毛孔变大的原因有哪些？

A：

1.雄性荷尔蒙影响

雄性荷尔蒙(黄体素)上升，皮脂腺会变大，分泌油脂旺盛，让毛孔变大，所以男生毛孔普遍较女性粗大，或是女性月经来前1~2周，黄体素分泌上升，也会感觉肌肤粗糙，毛孔变大。

2.皮脂与角质堆积阻塞

油脂分泌旺盛，过多的皮脂与老旧角质，会堆积固化在毛孔开口附近，将毛孔撑大。

3.青春痘、发炎、粉刺

痘痘发炎破坏毛孔和毛囊组织，导致凹陷疤痕产生，毛孔变得更明显，或是过度挤粉刺，不正常的外力挤压，毛孔会受损、弹性疲乏而越挤越明显。

4.老化松弛型

因年龄增加、新陈代谢缓慢、皮脂腺萎缩、毛孔组织失去弹性而松弛，毛孔也变粗大，老化的粗大毛孔通常呈长条形或椭圆形。

Q：深层清洁面膜应该怎么用呢？

A：洗净脸部与双手后，取足量面膜，切记不要敷太薄，否则无法达到密闭效果。

然后先敷于T字粉刺出油较旺盛部位，再敷下巴、两颊部位，眼周、唇周部位最后敷上，不要敷到全干，约10~15分钟后以清水洗净，力道要轻柔。最后要记得以收敛水调理并收缩毛孔。

Tips! 毛孔粗大肌的保养重点

Tips 1 清除粉刺

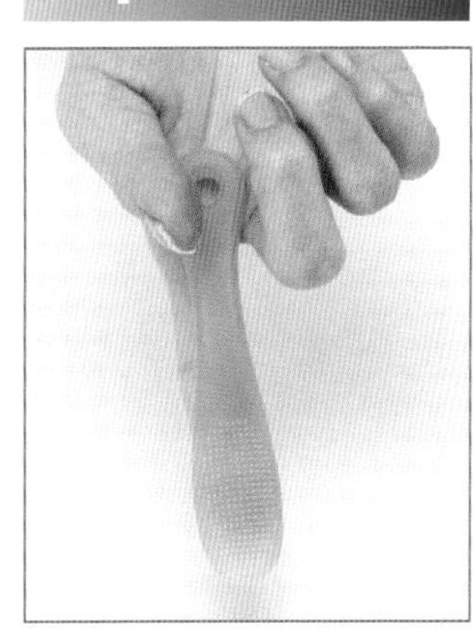

Step 1 工具辅助

卸妆油、粉刺夹或双手挤粉刺可能对肌肤造成伤害而让毛孔问题更严重，使用合适的工具，在每日的清洁工作中辅助即可。

Step 2 搭配按摩

使用毛穴清洁的洁肤刷，在洗脸的同时在粉刺较多部位搭配按摩清洁，省时省力又有效，清粉刺更事半功倍。

Use It!

细部毛穴清洁柔肤刷

指头可以套入的贴心设计，使用方便，针对鼻部，可协助去除老旧角质污垢及深层粉刺，彻底洁净毛孔。

Tips 2 深层清洁

Step 1 洗颜加强

每日的洗颜工作中，除了辅助工具外，以指腹轻柔地画圈加强按摩，也有助于粉刺代谢浮出。

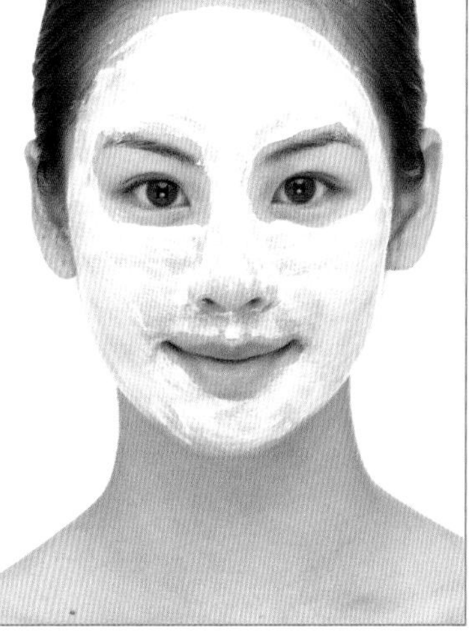

Step 2 清洁面膜

可一周2~3次使用深层清洁的面膜或敷面泥，能使毛孔张开，吸附带走油脂、脏污与深层粉刺，使用要足量涂敷才有效哦。

Tips 3 收敛镇静

Step 1 冷毛巾收敛

洗脸后用冷毛巾敷擦，可以帮助收敛毛孔，让发热与毛孔张开的肌肤获得镇静舒缓，可每天将干净湿毛巾装进密封PE袋里，放进冰箱以备隔日使用。

Step 2 化妆水收敛

不要以为做完深层清洁工作，毛孔就会变小，要再加上化妆水做收敛动做，才能帮助干净的毛孔紧缩起来。

达人推荐！老化松弛肌就用这些

清洁

Kose——润肌精保湿洗颜霜
(130g)

主要成分：地黄萃取液、牡丹萃取液、紫锥花萃取液、玫瑰花蒂油。

推荐原因：这系列的产品都挺适合老化、干燥肌使用的，洗颜品的部分同样添加多种保湿汉方成分，洗掉脏污的同时也不会对肌肤造成刺激，浓郁乳霜般的泡沫，洗起来很舒服，还能补水紧实。

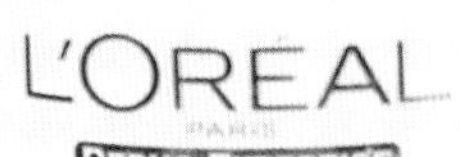

特殊护理

LA ROCHE-POSAY——理肤泉瑞得美抗老除纹紧实眼霜
(15ml)

主要成分：积雪草、左旋维生素C、玻尿酸。

推荐原因：此眼霜运用了纯度95%的积雪草与左旋维生素C为主成分，除了保护真皮胶原纤维不被破坏之外，还能促进其合成并重建，强化眼部肌肤的支撑力，改善松弛、纹路的问题。

调理

L'OREAL——活力紧致抗皱紧实化妆水凝露
(200ml)

主要成分：抗皱复合物，维生素原A、甘油、活力紧肤素。

推荐原因：凝露状质地，兼具化妆水的调理与乳液的保湿功能，有效防止肌肤弹力纤维松弛及胶原蛋白流失，肌肤明显更紧实，恢复紧致线条；高保湿效果，也让肌肤更柔嫩平滑。

滋润

AQUALABEL——紧致活颜Q10还颜精纯乳霜
(25g)

主要成分：Q10、胶原蛋白、玻尿酸、氨基酸、高效活肤水因子。

推荐原因：添加优质美肌Q10复合体，结合保湿精华，改善因紫外线照射引起的干燥、暗沉、斑点及粗糙问题，塑造柔软紧致的水润美肌。质地非常浓郁不黏腻，吸收渗透力也很好。

Check! 老化松弛肌的保养对策

怎样分辨老化松弛肌？

- 整体肤色暗淡无光。
- 容易干燥或形成斑点。
- 两颊毛孔明显成椭圆状。
- 眼形下垂、眼袋下垂。
- 脸形感觉开始改变，松垮不紧实。
- 腮帮子的肉也感觉在往下掉。
- 脖子也出现一圈圈的纹路。

牛尔老师上课！

达人教室

老化松弛肌的产品选择原则

清洁品:高保湿的洗颜霜。

调理品:抗老紧实的滋润型化妆水。

滋润品:抗氧化、抗老的滋养乳霜。

特殊护理品:抗皱拉提的眼霜、紧致型面膜。

老化松弛肌适合的保养成分

维生素原A、A醇、果酸、胜肽、Q10、艾地苯、胶原蛋白、玻尿酸、氨基酸、左旋C、维生素E、微量元素、甘油、松皮、银杏、桑葚根皮、黄芩等。

老化松弛肌的保养小提醒

- 加强保湿、抗氧化、抗老、紧实肌肤的保养工作。
- 选择质地丰润、高保湿的抗老、紧实的产品。
- 多吃蔬果，补充维生素C。
- 补充高蛋白质与胶原蛋白食品。
- 配合按摩拉提线条，由内向外，由下向上。
- 使用眼霜帮助拉提老化下垂的眼部。
- 记得脖子要一起保养与向上按摩。
- 按时去除老化角质，使用温和去角质产品。
- 作息正常并保持愉快的心情。
- 适度的运动，促进代谢循环。
- 防晒工作也要确实，预防光老化。

老化松弛肌最想知道的Q&A大解惑

Q：除了年龄的增长，还有什么会造成肌肤松弛老化？

A：肌肤的松弛老化，最大的原因是由于肌肤肌肉质与量均渐渐萎缩，细胞胶原纤维量不足无法支撑并对抗地心引力，皮肤开始下垂，失去韧性及弹性，细纹、皱纹、斑点，也会伴随而来。

但其实老化松弛，也可能因为环境与外在因素而提早到来，举凡空气中脏污、紫外线、保湿不足、清洁或保养不当、饮食营养不良、生活习惯不佳、吸烟、熬夜、紧张、压力、酗酒等生活形态，都不可避免地会在皮肤上留下老化的痕迹。

而其中日晒的光老化影响最大，会使表皮的角质增厚且缺水，大大降低肌肤的透明度与光泽感；同时，还会产生大量自由基，破坏细胞胶原蛋白及弹力纤维。皮肤变薄、变干、失去弹性，松弛就随之而来。

Plus!对抗地心引力 按摩提拉最有效

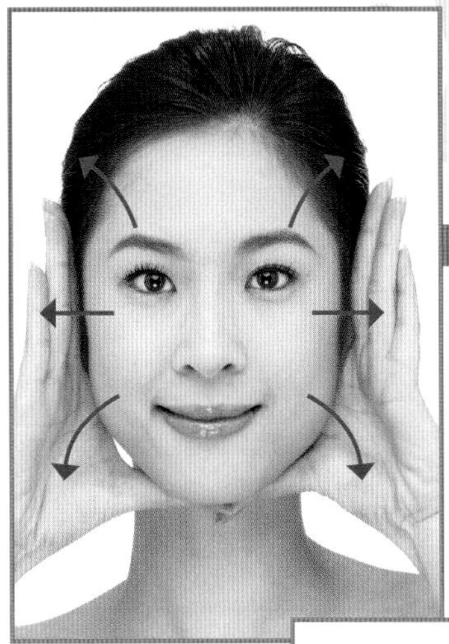

Step 1 全脸舒张

四指并拢，利用食指与拇指打开的弧度，从鼻头开始沿鼻翼往两颊，轻柔推压延伸至发际，舒张全脸肌肤。

Step 4 紧致线条

食指和中指微微打开呈V字形，从下巴沿嘴角往耳际，向上拉提紧实脸部线条轮廓。

Step 2 额间拉提

眉头、额间也容易松弛产生纹路，就以四指并拢的指腹向上向外轻柔推开抚平。

Step 5 眼周按摩

眼周的眼袋下垂，或眼部肌肉线条松弛，在使用眼霜的同时，搭配轻点按摩与提拉眼尾。

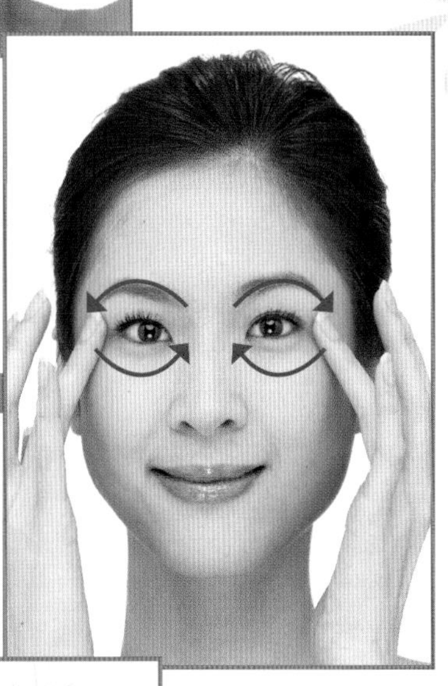

Step 3 两颊拉提

松弛下垂的腮帮子，用手掌掌腹的突起，由嘴角开始斜向往上重复做拉提的动作。

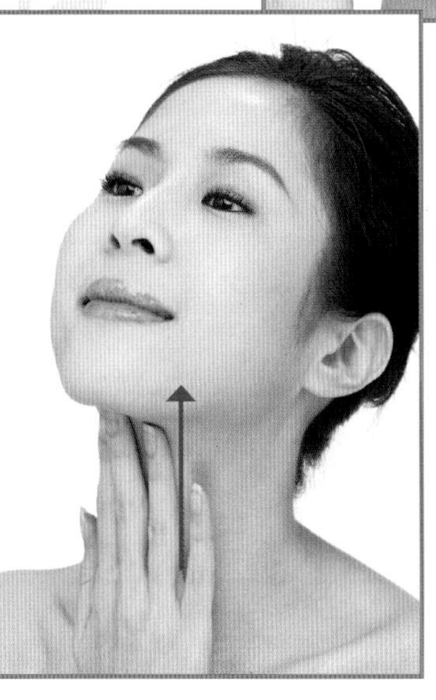

Step 6 颈部拉提

松垮的双下巴与脖子上的松弛纹路，也是老化的警报区，别忘了一起保养，按摩时从胸上沿脖子至下巴，重复5次做向上推提的动作。

达人推荐！压力疲劳肌就用这些

特殊护理

玟萱推荐！

AQUALABEL——水保湿深层柔润面膜
(5片/盒)

主要成分：高效活肤水因子、胶原蛋白、玻尿酸、海藻糖、氨基酸。

推荐原因：这款面膜尚未引进台湾之前，玟萱就抢先一步从日本大量购回使用了！在肌肤干燥粗糙需要救急时使用，非常保湿，3分钟即可充分导入大量美容液，使用后整张脸真的马上水润哦。

滋润

NARIS UP——白金保湿乳液
(140ml)

主要成分：白金成分、维生素A、玻尿酸。

推荐原因：最新的白金话题成分具有良好抗老锁水功效；维生素A能保持肌肤弹性，改善细纹皱纹与松弛老化；玻尿酸能加强肌肤深层保湿，展现柔嫩活力的健康好肤质，是一款超优吸收力的乳液。

调理

嘉文推荐！

VICHY——薇姿 柔磁清透爽肤水
(200ml)

主要成分：柔磁科技分子微粒、Q10、温泉水。

推荐原因：清洁+排毒是压力肌的保养重点，创新柔磁科技，如磁铁般吸除脸部残留的有害物质，彻底净化；Q10与温泉水能活化肌肤细胞并舒缓镇静，让充满压力的肌肤能自由呼吸，恢复健康。

滋润

嘉文、玟萱都推荐！

Kose——润肌精 润密长效精华液
(30ml)

主要成分：汉方植物萃取、氨基酸诱导体胶囊、蜂王乳。

推荐原因：高保湿、绵密如丝的浓缩型精华液，擦上能立即吸收，丰富的润泽成分能深层渗透至角质层，使肌肤饱满柔嫩，滋润效果非常持久，有效改善压力造成的干燥，让肌肤更有弹性张力。

特殊护理

嘉文推荐！

VICHY——薇姿 眼部舒压抗倦笔
(4ml)

主要成分：微量元素锰、七叶素。

推荐原因：这款对于改善压力、熬夜造成的黑眼圈、眼袋浮肿，甚至细纹，非常有效，微量元素锰可帮助眼周血管舒张，改善因血液循环不良产生的黑眼圈，还可消除眼部疲劳；七叶素能排毒排水代谢，进而改善水肿与眼袋。用擦的圆柱状笔头设计，使用方便不沾手，还有舒缓清凉感。

清洁

嘉文推荐！

VICHY——薇姿 亮颜活力洁颜慕思
(150ml)

主要成分：葡萄糖酸锰、氨基多糖复合物、天然温泉水、甘油。

推荐原因：活性锰元素能舒张血管，促进血液循环更好，并促进表皮代谢正常，洗脸的同时就能改善肌肤压力粗糙暗沉，良好的保湿成分能为肌肤注入水分与活力，摆脱压力，展现苹果般好气色。

Check!

压力疲劳肌的保养对策

压力疲劳肌的保养小提醒

- 睡眠充足，要兼顾质和量。
- 睡前不要看电视或看书，不要工作，让脑袋停止亢奋。
- 喝热牛奶或是一小杯红酒帮助入睡。
- 适度泡澡、泡脚，或点精油熏香放松心情，舒缓身心。
- 简单伸展运动，提升新陈代谢。

嘉文的美肌心得分享！

达人教室

压力疲劳容易让肌肤干燥，体内与肌肤毒素增生，因此选择保湿舒缓与抗氧化产品较适合，开架与医学美容品牌中有不少优秀的产品，推荐薇姿就有一系列很适合压力肌的保养品，以及KOSE润肌精的润蜜系列，保湿度优且很持久，也适合压力肌。

自己做SPA、泡澡，或是在保养时搭配按摩也都是很不错的舒压方式，除一般用手按摩外，我喜欢买穴道的书来看，用类似刮痧板的东西，每个穴点约2~3分钟轻轻按摩推压，边看电视边做，Easy又有效哦！

玟萱的美肌心得分享！

达人教室

面膜是很能帮助舒压，也能快速解决肌肤干燥问题的保养好帮手，建议压力疲劳肌可以多多使用，可以常保肌肤明亮光彩。

如果因为下班回家很疲累，怕敷片状面膜容易不小心睡着敷过夜，也可以选用不用洗掉的乳霜状面膜或眼膜，就不会有睡着干掉的问题，晚安面膜的保养效果也很优。

Plus! SPA舒压自己来，不用花大钱

Step by Step! 这样按摩好舒缓！

Step 1
温热脸部舒张

疲劳了一整天的脸部肌肤，容易维持在紧绷状态，在擦保养品的时候，可以搭配手掌温热，热胀冷缩原理，舒张全脸肌肤不紧绷。

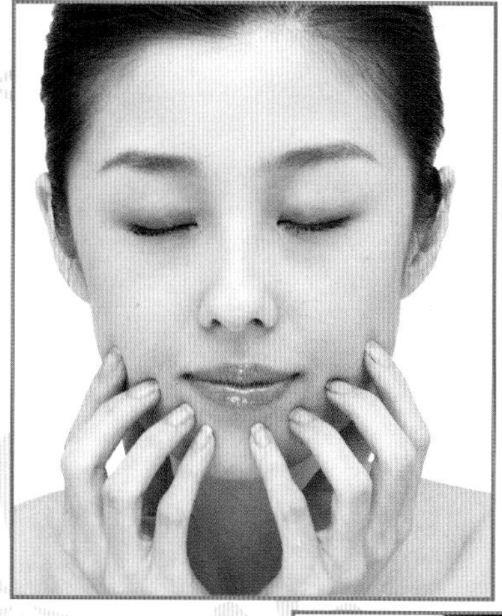

Step 3
唇周按摩点压

一整天的开会报告，让嘴巴使用过度而疲累紧绷，轻轻地在唇周来回按摩点压3分钟，慰劳一下辛苦的唇周肌肤吧！

Step 2
眉头+额间+太阳穴

工作的压力总是容易养成习惯性皱眉，可以用拇指指腹轻揉眉头、额间或太阳穴，按开压力也按开细纹。

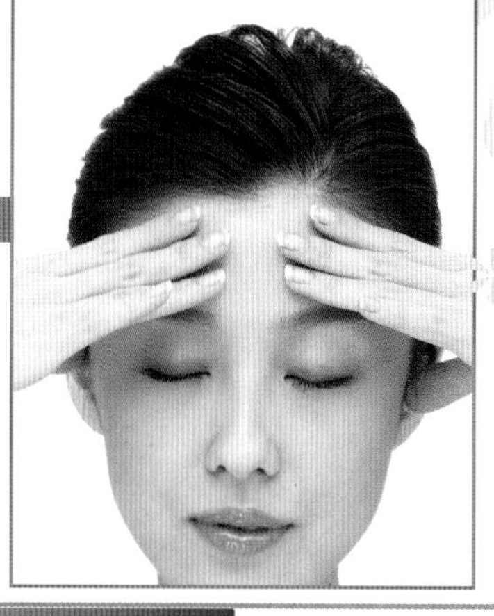

Step 4
眼周环状轻弹

眼睛也是每日使用很频繁的部位，长久下来，眼周肌肤累积的压力可不容忽视，使用舒缓的眼霜配合轻弹按摩，让血液循环变好，黑眼圈不来。

Plus！面膜、眼药水也是舒压好帮手！

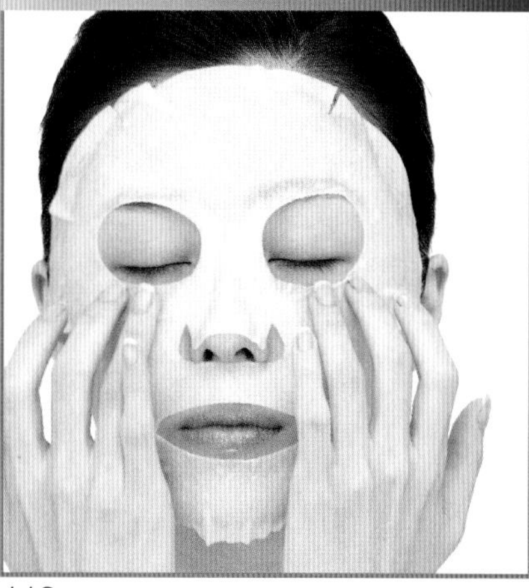

Plus 1
面膜+指压

面膜的急救保养效果与敷贴时的放松舒适感，可以有效减轻压力疲劳，敷脸时手也别闲着，轻柔的点压让吸收更好哦。

Plus 2
眼部滋润舒压

眼睛的疲劳干涩感，会加重压力与疲累的感觉，此时，点一点清凉滋润的眼药水，就能马上舒缓，压力与紧绷感就立刻消失。

Use It

乐敦养润眼药水

Part 3*

Super Brand

优质开架、医美品牌档案大公开！应征你的美丽管家！

（资料来源：中国台湾地区医美品牌数据）

看着药妆店大大小小数不清的品牌，搞得你一头雾水，不知从何选起吗?爱美的心可不能这样就退缩哦！除了了解你自己的肤质，也要了解你使用了什么样的商品、怎么样的品牌，清楚品牌特色，就能更精准地选对商品，成为你称职的美丽管家，知己知彼，才会百“买”百胜哦!

本篇帮大家整理出中国台湾地区最优质、最人气的医学美容、开架、网络品牌，不但有品牌故事、商品专长、特色，还有大家最想知道的品牌经典商品、热卖商品与人气新品供参考，一次大满足！就从现在开始，当个对品牌了若指掌的聪明消费者吧!

DR.WU

由台大皮肤科临床教授吴英俊医师一手创立的品牌，是针对问题型肌肤研发，并强调“高效能、低敏感”的医疗级保养品。吴医师认为医学美容的精髓是以最简单有效的方式，来创造最完美无瑕的肌肤，而这也是DR.WU品牌的精神与目标。

拥有三十年丰富阅诊经验的吴英俊医师，在深入了解亚洲人肌肤的优弱特性与需求后，于1992年发表了一种创新研发的“三合一导入疗程”，以美白、保湿、抗皱的独门特制药水，进行高度美肌效能的敷面式离子导入，其效果奇佳，意外地在时尚圈引起了一股医学美容保养风潮，令许多时尚名流、演艺圈人士纷纷慕名而来。而这一套独门的特制导入药水，在当时更被戏称为“怪叔叔的神奇药水”。为了造福病患居家的保养需求，吴教授将三合一导入药水做了重新的配方调整，“第一代高效美白精华液”于是诞生，虽仅止于自家诊所内部销售，就已造成供不应求的抢购状况。

接着，在众人的期待与支持下，2003年推出DR.WU品牌，并正式发表首支经典产品——“熊果素美白精华液”。这一瓶超人气的品牌创始商品，含有高浓度的熊果素，是七大美白有效成分之一，加上单纯低敏的配方，一上市即大受好评，在大S的《美容大王》一书中受到大力推荐后，DR.WU瞬间打开了品牌知名度。

而后，DR.WU正式进驻康是美药妆店，上架不到10天，即创下销售上万瓶的惊人成绩，夺下畅销排行榜的冠军宝座，成绩斐然！再加上许多热门美容节目与艺人明星的口碑强力推荐，让DR.WU的品牌人气始终居高不下。

而今，在坚持一贯“高效能、低敏感”的原则下，DR.WU持续研发适合亚洲各种问题肌肤的保养系列，让注重肌肤保养的现代人，即使在家也能延续专业医学美容的护肤机制，创造“简单拥有好肤质”的医疗级保养概念。

多胜肽抗皱修复霜 (30g)

RS 抗氧美白防晒霜 SPF35 PA+++(50ml)

微导抗皱美白颈膜 (5pcs)

玻尿酸保湿精华液 (15ml)

熊果素美白精华液（夜用）(15ml)

多胜肽抗皱眼霜 (10ml)

URIAGE

URIAGE优丽雅不但是其品牌名称，也是坐落于法国阿尔卑斯山间一个小镇的名字，四周环境灵秀独特，它拥有千年历史的温泉水，所蕴含的含氧细胞露，也使该小镇成为世界闻名的水疗中心。

在1877年法国国家经贸农业部的历史记载资料中，即认证URIAGE优丽雅的医疗矿泉对肌肤具有修护、治疗等功效，近年更备受世界皮肤医学会的推荐，发表无数功效验证论文，进而被法国政府列入保健给付项目。

法国皮肤科专业药厂Biorga公司，于1993年以高科技结合最新医药制造技术研发，创立URIAGE优丽雅这个深具皮肤调理效果的保养品品牌，一推出即受到热烈反响。优丽雅以独一无二的医疗矿泉特质，针对不同肤质研发专属配方，卓越的专利技术与临床验证，使优丽雅跃升为皮肤医学的重要品牌，也深获全球皮肤科医学及专业医师的肯定与推荐，目前已行销世界68个国家。

URIAGE以专业医学美容保养品牌的形象进驻各权威教学医院与专业皮肤科诊所，将近48%的消费者从医师和药师的介绍中得知 URIAGE优丽雅。优丽雅坚持依不同肤质特性挑选最适合的保养品，只要28天就能立即感觉到肌肤的明显改善；这样的坚持也让优丽雅于药妆店上市后，马上缔造出亮眼的销售成绩，消费者反应极佳并具有高度的品牌忠诚度。

目前优丽雅的产品系列有:柔敏系列、青苹果系列、防晒修护系列、24小时水润保湿系列、基础清洁系列、超时空系列、脆敏玫瑰系列，以及最新最人气的晶焕净白系列。

晶焕净白柔肤洁露 (100ml)

青苹果修护霜 (40ml)

含氧细胞露 (300ml)

净亮防护乳 SPF30 (50ml)

晶焕净白动力胜精华素 (30ml)

file-3 医学美容

宠爱之名

品牌名称来自“以宠爱女人为名”的概念，是全球华人美容领域中相当受欢迎的专业医学美容保养品，由资深美容编辑、时尚作家吴蓓薇于2004年所创办。研发了美容史上第一款生物纤维面膜，到现在写下了全球知名的保养界新扉页，成为保养界的一则佳话。

品牌创立人吴蓓薇，在看过数以万计的保养品后，认为唯有最好的成分、物料与最佳的技术，才能通过她挑剔的眼光。因此，宠爱之名与具有35年经验的专业研究团队合作，使用全亚洲最顶尖的原物料萃取实验室与仪器，发展出全球首创以微生物发酵法制成的“有机级生物纤维面膜”，并经美国FDA食品药物管理局评定认可，具有高度安全性。全产品至今使用十种以上来自Merck默克药厂代理的专利。

因为大S在《美容大王》一书中，曾经大力推荐宠爱之名的美白面膜，让它一举成名，不只平面与电视网络媒体争相报导，产品本身的坚强实力，在爱用者不断口耳相传下，竟造成空前的热卖，长时间处于缺货状态。短短几年，宠爱之名不仅引爆医学美容界强大旋风，还被两岸媒体誉为“面膜革命领导品牌”“华人之光”，提升医学美容界整体盛名。后续其他知名艺人如伊能静、牛尔、各大医学美容皮肤科院长更于著作中强力推荐。

目前宠爱之名也已经行销到美国、加拿大，以及中国大陆的上海、北京、吉林等地，成为扬名国际的医学美容保养品。

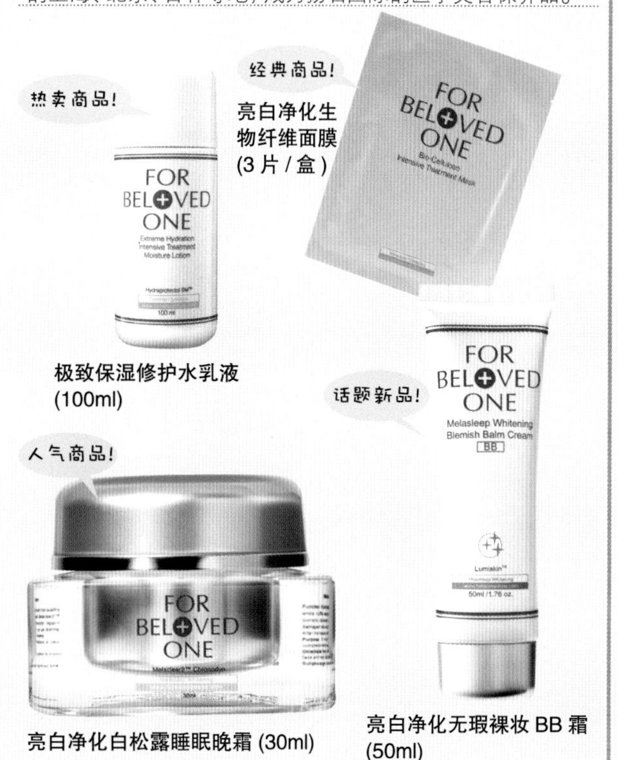

亮白净化生物纤维面膜(3片/盒)

极致保湿修护水乳液(100ml)

亮白净化白松露睡眠晚霜(30ml)

亮白净化无瑕裸妆BB霜(50ml)

file-4 医学美容

BIODERMA

法国贝德玛品牌起源于20世纪70年代末，1977年，品牌创始人Jean-Noel Thorel以“科技解决肌肤问题”为理念，成立了保养肌肤品牌——BIODERMA法国贝德玛。并于1992年成立BIODERMA皮肤医学理疗研究中心。

贝德玛品牌不断发明专利、创新产品，如拥有专利配方的高效洁肤水及全球首创世界级最高系数防护。针对各种类型肌肤，皆有完整系列产品，来满足消费者需求，特别在敏弱型肌肤医学美容保养品领域为其专长，更是居于领导地位，国际上行销世界70余国。

在欧洲，有30%的消费者，习惯在药局或向皮肤科专业医师做美容保养咨询并使用具医疗辅助作用的保养品。在药妆观念盛行的法国，BIODERMA法国贝德玛研发出的各系列产品，在激烈竞争下仍拥有消费者的高度评价，主要是制造和研发过程，有着精确严谨的药厂理念，并经过不断测试与研发新效能成分。

产品系列有：
舒妍敏弱系列：为敏感性肌肤而设计。
皙妍高效防晒系列：为一般及敏弱肌肤而设计，最高最完善的防晒品。
水之妍水漾保湿系列：为一般及敏干性肌肤而设计。
净妍调理系列：为一般及油性混合性肌肤而设计。
赋妍滋润系列：为极干痒及异位性肌肤而设计。
杜鹃花酸美白系列：为一般及敏感性肌肤而设计的美白产品。

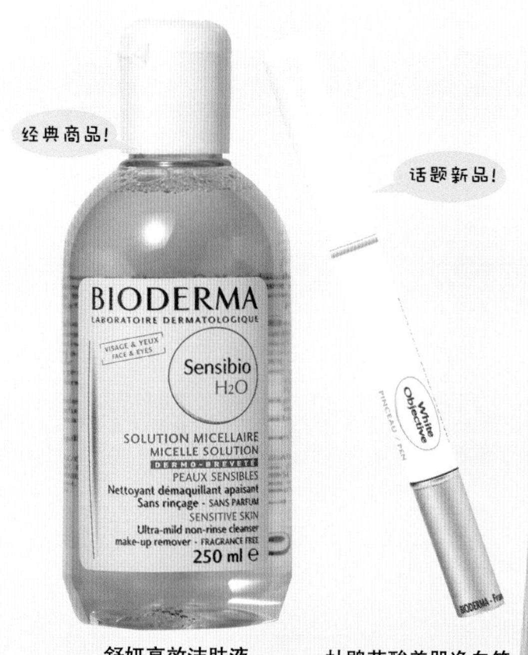

舒妍高效洁肤液(250ml)

杜鹃花酸美肌净白笔(1.6ml)

医学美容

NOV

NOV娜芙是由日本兰碧儿公司在1985年与皮肤科医生共同讨论研发的低刺激性化妆品，以极简成分与低刺激保养的概念，带来日本女性使用低刺激保养品的大流行。娜芙NOV坚持无香料、无色素、无合成添加剂、无矿物油、低刺激性，在研发、制造过程中全程咨询皮肤科医师的意见，研究制造出不会妨碍皮肤科医师治疗且能在日常使用的护肤产品。

在皮肤科医生的协助下，NOV娜芙为敏感肌肤、特异性肌肤的人提供可以安心使用的化妆品。为了让医生能够有更可靠的依据可以推荐给患者，从学会得到最新的皮肤科学之后，再和大学共同研究、考量敏感性肌肤和特异性肌肤的皮肤状态、皮肤生理，以临床的方式来验证它们可不可以使用，实践品牌理念，推出敏感肌肤真的能够使用的产品。

全系列产品包括加强保湿的深海矿泉系列、维持美丽肌肤的基础护肤系列、每天都能使用的身体保养系列、洗净同时保湿的油性肌肤专用保养系列、有效防止紫外线的防晒保养系列、婴幼儿娇嫩肌肤使用的保养系列、适合敏弱肌肤使用的基础底妆与彩妆系列，提供敏感肌多样的保养需求。

UV 两用粉饼 SPF16 PA+++ (13g)

海洋深层水 (150g/50g)

蚕丝全效锁水精华 (30g)

防晒隔离霜 SPF35 PA++ (30g)

医学美容

UNT

UNT诞生于2004年，现为网络超人气的医疗美容品牌。运用网络系统为主要通路，开启了医疗美容的平价市场。坚信保养不应该是一个奢侈品，主张男女老幼皆有权利拥有健康舒适的肌肤，秉持着这个理念，UNT跳脱了层层的通路费用，用开架的价格在网络上提供医美级高品质产品，让消费者不需花大钱就可以享有贵妇级的保养。

UNT系列产品自美、法、德、日、瑞士原料厂引进最新成分，针对各种肌肤问题设计。其商品以精华液闻名，采用大量高浓度生化活性成分，搭配草本元素，因其渗透力强、清爽不油腻、过敏源低深受消费者喜爱。2008年更开启医美彩妆市场，推出彩妆不只要流行更要健康的新观念，让化妆不再是肌肤的负担。首先推出的99%矿物粉底，打破矿物蓬松粉底的成规，创造了含量最高的矿物压缩粉饼。

UNT以“打造健康肌的专家”的称号闻名，结合不同领域的医疗团队和肌肤专家，提供消费者线上肌肤咨询，给予消费者正确、健康的保养观念。2005年开始进入国际市场，到目前为止已经行销全球56个国家和地区，如美国、英国、法国、德国、丹麦、北爱尔兰、西班牙、苏格兰、澳洲、冰岛，甚至远至委内瑞拉、智利等，成为真正跨足国际的网络保养品。

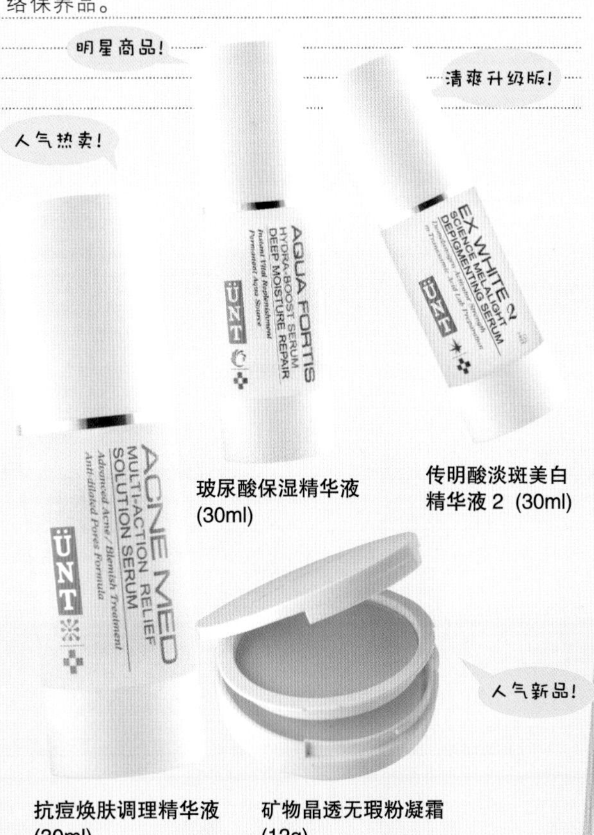

玻尿酸保湿精华液 (30ml)

传明酸淡斑美白精华液 2 (30ml)

抗痘焕肤调理精华液 (30ml)

矿物晶透无瑕粉凝霜 (12g)

Avene

雅漾Avene活泉水源自法国南部席维尼斯山脚下一个名叫Avene的小村庄，是个四周环绕翠绿山丘且终年充满金黄色阳光、无污染、平均气温20℃的古老小镇。 Avene雅漾全系列产品就是以天然且独特的雅漾Avene活泉水为基础制造，研发出一系列针对不同敏感性肤质适用的美容保养品，能提供舒缓、保护天生或娇柔敏感肌肤的保养需求。

皮耶——法柏药厂1990年成立雅漾Avene实验室，专为敏感娇弱肌肤开发一系列以天然的Avene活泉水为主要成分的医学美容保养品。经过雅漾Avene实验室研究人员研究，发现Avene活泉水在地底经过至少四十年蕴藏，透过地底岩层的层层过滤，活泉水吸收了地层中少量且珍贵的矿物质成分，水质不但干净纯洁而且富含珍贵微量元素如硅、锰、镁、钙等，呈健康的弱碱性，雅漾Avene活泉水年平均水温25℃~26℃，无色、无味、不含杂菌，其具舒缓、抗刺激、抗发炎的特性，因此雅漾Avene活泉水以及以Avene活泉水为基础的保养系列，特别适合敏弱性、不安定肌肤使用。

清爽控油防晒乳 SPF40 (50 ml)

清爽控油保湿乳液 (40 ml)

清爽控油化妆水 (200 ml)

妮傲丝翠

台湾妮傲丝翠公司成立于1993年，主要代理NeoStrata、Exuviance与NEO-TEC、UNITEC四大品牌，这四个品牌的研发与制造地均为美国。其中，NeoStrata、Exuviance皆出自美国NeoStrata公司的实验机构，以果酸先进科技见长，并在全球市场独占鳌头。

美国NeoStrata公司创立于1988年，至今已成为行销世界60多个国家的著名的果酸研发厂商，创始者皮肤科医师史考特及华裔美籍的化学博士余瑞锦，长期从事皮肤生理及老化的研究，发现果酸对于改善皮肤的角化、干燥、青春痘等问题与各种老化症状有着明显的功效，而开启了果酸护肤的广泛应用。Exuviance的超温和果酸系列产品不断改良，最新一代果酸乳糖酸，即使浓度高、pH值低却不会刺激肌肤。美国NeoStrata公司将研发出的多项果酸配方分为NeoStrata与Exuviance两个品牌在市场上推出。妮傲丝翠公司则陆续将两个品牌引进，以满足更广大消费者对果酸保养品的需求。

至于NEO-TEC与UNITEC，皆为美国NEOTEC TECHNOLOGY公司旗下品牌，这两个品牌先后于1997年及2006年由妮傲丝翠公司引进市场。NEO-TEC多年来一向以高浓度左旋维生素C产品受到专业医师、药师与市场的肯定，除了最知名的左旋维生素C相关产品之外，陆续所推出的玻尿酸、海洋精华系列、红酒多酚系列等产品，也深受消费者喜爱。

而UNITEC则秉持着相同医学专业背景，其完全焕白系列，打出“天天呵护+密集敷面+速效导入”之医疗级美白三部曲的主张，推出清洁、调理、乳液、面膜和超声波导入专用精华液全系列产品，以医疗级的功效和大众化的价格来满足更多精打细算的消费者。

Exuviance 果酸美白凝胶 (40gm)

Exuviance 果酸极致抗老精华 (30ml)

NEO-TEC 高效美白抗皱精华 (30ml)

医学美容

VICHY

VICHY也是以温泉城市命名的医学美容品牌，VICHY城镇位于法国中部，是一个以温泉驰名的美丽小镇，VICHY温泉医疗中心负责人Dr. Haller，发现病患在温泉水的助益下，能够快速恢复肌肤的健康。这意外的惊喜，激发Dr. Haller及一位美容工业家的兴趣。1931年，在二位携手合作之下，以小镇之名命名的保养品牌“VICHY薇姿”就此诞生。

VICHY薇姿所有产品均以Lucas温泉水为配方基础，富含17种矿物盐及13种微量元素，研发兼具功效与安全的专业医学美容保养品，对皮肤有镇静、舒缓与调理的功效。薇姿以专业的临床实验与不断创新研发的科技技术，引进制药的高标准程序生产产品，每一款产品的上市，皆是通过医学临床实验证实产品功效性与安全性。同时，薇姿VICHY产品研发符合亚洲女性的肌肤，如低过敏性且不生粉刺配方，已通过亚洲敏感性肌肤测试。

话题新品！

秉持医学专业的VICHY，首创将保养品销售导入药局通路，因为薇姿相信通过药师对消费者个别肌肤专业检测咨询后，提供符合个人需求及适合的保养产品才能兼顾消费者所追求的健康与美丽的肌肤。

皮质平衡精华乳（50ml）

理肤泉

人气新品！

LA ROCHE-POSAY理肤泉是结合皮肤病理与温泉治疗的国际皮肤科医学辅助治疗品牌。品牌理念认为，皮肤疾病的医疗疗程中，同时需要最完整的辅助保养与其他药品搭配，这样不仅能加强皮肤接受药物治疗的成效，还能减轻因药物引起的副作用与不适感。

LA ROCHE-POSAY理肤泉药剂研究室所研发之产品均加入质地纯净的LA ROCHE-POSAY温泉水，对皮肤具有消肿、抗发炎、帮助伤口愈合、舒缓镇静皮肤等功效。温泉水中罕见的硒Selenium微量元素，也能起到自由基抗老化功效，是目前所有市售温泉水中含量最高的。

安得利全护极效夏卡清防晒液50+（50ml）

系列产品有温泉舒缓喷液、低耐受性差皮肤系列、美得高效美白系列、身体保湿系列、青春痘护理系列、安得利全护防晒系列、老化预防医学系列、全日保湿系列、立得美果酸居家保养系列、头皮护理系列等。

医学美容

葆疗美

葆疗美于1995年创立之初，即代理美国知名BIOMEDIC果酸系列，发展居家果酸保养概念。到了1997年，葆疗美更发展出多元化经营，不局限于代理单一品牌，运用母公司跨国资源研发产品，针对亚洲女性肤质推出BIOPEUTIC保养美妆品牌，百分之百于美国、德国、日本等地原厂制造包装，产品具备国际级水准，通过美国FDA食品药物管理局严格的把关，让消费者能用得安心，轻松拥有最迷人的健康漂亮肤质。

BIOPEUTIC品牌系列锁定亚洲女性最关注的美白课题，推出各项高效美白焕肤、美白抗老、美白底妆等产品，市场口碑与反应极佳。

艾地苯净白青春露（0.5 oz）

甘菊亮白粉底摩丝（20g）

果酸调理液AHACT-4（0.25 oz）

file-12 医学美容

Beautician's Secret

喜蜜国际引进来自澳洲的专业医学美容品牌Beautician's Secret无龄肌密，2007年上市，一推出便广受好评，其中又以“六胜肽除皱霜”的销售量最为惊人，创下短短一周即狂销5000瓶的记录。

“Beautician's Secret无龄肌密”在澳洲拥有一群医学美容背景的研发团队，全心投入研究新颖的除皱科技与保湿技术，除了商品加入药物元素，功效明确、产品成分、浓度、作用机制都有医学学理上验证外，还提出了草本美学进化论的全新概念，运用在生技保养领域中。

系列产品分为三大类型包括拉提紧实、抗老暗沉、缺水干燥，能在短时间内明显改善肌肤的问题。例如，脸部的皱纹、松弛、暗沉等问题，不需打针、不需整型、不需打玻尿酸即可让您的肌肤瞬间变美丽。

畅销商品!

六胜肽除皱霜
(50ml)

人气推荐!

维生素C活力美颜精华乳(30ml)

file-14 医学美容

Dr.Satin

Dr.Satin是台湾CGMP药厂与日本技术合作所制造的顶级鱼子精华保养系列，采用最新的生化技术以及纯净海域的鲑鱼子萃取精华，蕴含在鲑鱼卵中的复合体，有丰富的氨基酸、DHA及鱼类蛋白，是针对女性肌肤抗老除皱、亮白保湿、紧致活肤、恢复柔嫩弹性所研发的医美级保养品，珍贵的修护抗氧成分让女性肌肤免除老化威胁。

全系列商品均通过安敏性检测及SGS国际无毒认证，专业皮肤科医师首选使用，给脆弱肌肤全方位的极致呵护。

人气推荐!

经典热卖!

鱼子活氧极致晶白面膜
(3片/盒)

鱼子弹力紧致眼胶
(15ml)

file-13 医学美容

good skin

good skin是Beauty Bank旗下的美妆品牌，母公司是雅诗兰黛化妆品集团。品牌名称good skin来自于品牌理念，好肌肤=健康的肌肤，诉求医学美容的全效肌肤护理，认为拥有健康的肤况，才能达到充满年轻光彩的好肌肤，系列产品注重如何修复及强化肌肤的天然保湿屏障，让肌肤健康而能抵御各种伤害因子，随时维持好肤质。

结合专业皮肤科医师调配、实惠价位的无香料创新保养系列产品，药妆保养系列以医疗导向研发，针对特别的肌肤问题，提供明显可见的立即功效及深层的改善效果，彻底改善各式肌肤问题，打造由里而外强健肌肤。

good skin全系列产品三大系列为基础护理、特殊护理与药妆系列。依照肌肤的原始本质以及后天问题，做出正确精细的肌肤分类；全系列产品依干性、混合性、油性肤质设计出粉红、浅绿、浅蓝的产品外包装。如此简单贴心的设计，只要凭包装外盒，就能快速找到适合自己使用的产品。

全紧致抗老修复精华
(30 ml)

焕肤平衡洁面胶
(200 ml)

特效护理推荐!

全紧致滋养霜 (50 ml)

file-15 开架美容

BOURJOIS妙巴黎

BOURJOIS诞生于1863年巴黎大道的歌剧院区，当时，女性尚不能自由化妆打扮上街，化妆是属于舞台歌剧演员的专利，品牌的创始也与此息息相关。第一位创始者是舞台剧演员Mr. Ponsin，他在自己的公寓里制作舞台演出专用的脂粉和香水，并转卖给其他演员，创新、独特的设计在剧场间轰动一时。而之后Mr. Bourjois先生接手，并将品牌命名为BOURJOIS。公司易主，但品牌精神不变，以提供最佳品质的化妆品为信念，努力扩展事业版图。

1879年BOURJOIS开始和大众见面，巴黎仕女可以在香水店、发廊和药房买到第一个为她们设计的化妆品。BOURJOIS的角色自此由初期的剧场供应商转为专为女性的美丽而生产的专业制造者。当时的女性喜欢用经典蜜粉修饰皮肤，让肤色变得白皙无瑕；另外再使用经典商品——胭脂骚饼为双颊带来如玫瑰般的容颜。

20世纪50年代起，BOURJOIS将品牌重心放在彩妆事业，以创新的产品、丰富且明亮的色彩吸引年轻消费族群，并强调"BOURJOIS是献给充满行动力的女人"形象策略，让我们现在能在全世界100多个国家看到BOURJOIS的影子。

众多国际女星和专业彩妆师都曾公开表示BOURJOIS是他们最喜爱的品牌。著名的大众时尚杂志也常可看到对BOURJOIS的报导与推荐。时装周及好莱坞星光大道旁的彩妆展示区，也会见到BOURJOIS的踪影。

BOURJOIS妙巴黎几乎每个月都推出与法国及亚洲其他国家同步上市的引人注目、多样化的商品，不论品类或颜色，皆可突显东方女性特有的柔美及知性感，并有实用的妆点技巧教导及贴心的小镜子等等，全产品的专利技术与法国制造的高品质，让爱美的女性能享有原装法式进口的优雅，并用轻松有趣的心情玩出彩妆的美妙变化。

丰狂黑势力睫毛膏(11ml)

随你拉俏眼影碟(2.5g)

美容觉主粉底液(30ml)

一下就好指甲油(8ml)

无痕刷轻粉底(16ml)

腮红(2.5g)

mini Bourjois迷力巴黎

继"BOURJOIS PARIS妙巴黎"成功占领少女芳心后，它的姐妹品牌"mini Bourjois迷力巴黎"也进入市场造福爱美女性，超小尺寸设计，却是彩妆品上的超大创新，以超迷你的size，放送给女性无法抵挡的超可爱旋风，引爆小物魅力并掀起另一股法式美丽狂潮。

迷力巴黎主要追求时尚，乐趣，少女，魅力，搭配。而迷力mini是什么？迷力是一个女生无限大的魅力，迷是迷你、迷恋、迷人；力是魅力、魔力、活力、美丽、俏丽。来自巴黎的mini Bourjois迷力巴黎，打造出自己专属的巴黎时尚风格，将尺寸彻底浓缩，然后以可爱、缤纷的色彩爆发出来，颠覆美妆只是美妆的印象，还能化身配件、吊饰，无所不在，让女生爱不释手。

手机、唇蜜和睫毛膏是每个女生出门不可少的小物，mini Bourjois经典人气商品——迷力又凸又翘唇蜜及迷力特调睫毛膏，把它们mini一体成型，用你的手机与心机随意搭配，可佩带在手机、包包上，想补妆随手可得，当装饰更不赖。

而迷力指甲糖如糖果色彩的小小圆圆瓶身，一瓶3ml恰恰好，还有24色可选择，一口气拥有个几十颗也是有趣的，放在家里、包包里、铅笔盒里、口袋里，随时随地都可喂喂你的指甲，更可随意变换颜色，让美丽从指尖放射。

mini Bourjois迷力巴黎彩妆系列不但体积迷你轻巧、易携带，价格也是十分迷你亲切，但品质却是超级了不起，每一个迷你小家伙都拥有纯正巴黎血统。迷你的价格让年轻美眉更可以尽情地三心二意，不用苦等大包装的彩妆品用完后才能换新色，更不必担心荷包会缩水，可以大胆选购，以极合理的价格便可以享受巴黎时尚彩妆效果。

迷力星动眼影粉 (1g)

迷力特调睫毛膏 (5ml)

迷力又凸又翘唇蜜 (1.7ml)

迷力浓黑特调睫毛膏 (5ml)

迷力指甲糖 (3ml)

pdc

pdc为日本前三大美妆直销品牌POLA集团之开架美妆(pola daily cosmetics)，创立于1929年日本静冈市，成立至今有超过70年的历史。拥有最尖端技术的研究研发，以生产安定性、安全性高的化妆品闻名，在日本享有极高的声誉。

Pdc品牌系列产品主张干净无负担的“素肌感”，借由每一个系列的保养护理，帮助肌肤不用上妆都能粉嫩动人。在一切回归原始崇尚自然的返璞风潮中，积极寻觅存在于大地的天然资源，干净不受污染，蕴藏着充沛丰富的有机元素，给予消费者最独一无二的脸部保养新感受，一点一滴萃炼出女人追求的美丽奇迹，带领消费者体验纯粹自在的生活，唤醒肌肤基本能量，使其充满年轻嫩肌的光彩亮泽。

Pdc品牌产品中最受欢迎的三个系列

Pure Natural系列以保湿、滋润、方便、快速为系列产品的四大贴心追求的pdc，都帮爱美忙碌的女性设想周到，从清洁到保养品，皆添加了保湿成分满点的玻尿酸及胶原蛋白，产品2 in 1的贴心设计，有双效合一的机能，取代以往手续繁杂的保养程序，让保养更简单而有效。

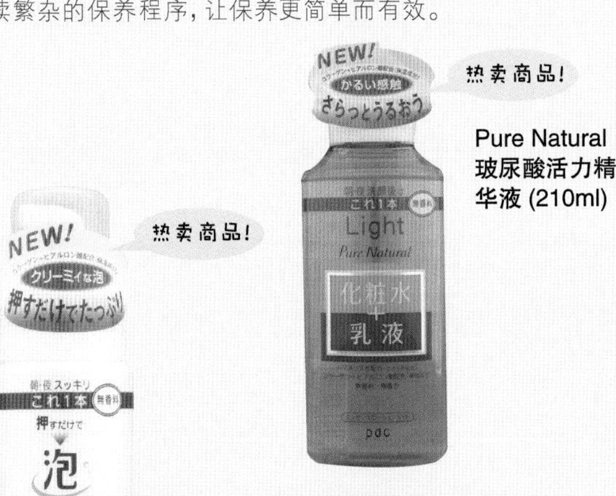

热卖商品！

Pure Natural 玻尿酸活力精华液 (210ml)

热卖商品！

热卖商品！

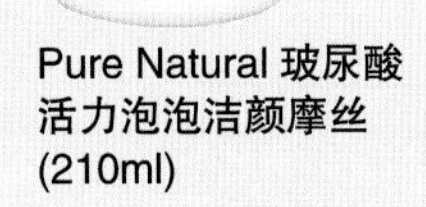

Pure Natural 玻尿酸活力泡泡洁颜摩丝 (210ml)

Pure Natural 玻尿酸活力卸妆按摩霜 (170g)

Skin Laminate系列以保湿底妆与妆前滋润保养产品为其特长，最大特色在于产品的保水膜功能，能发挥持续高效的保湿力，有效改善最困扰干燥肌肤的保湿与脱妆问题，获得许多明星艺人的爱用推荐。

艺人推荐！

Skin Laminate 不脱妆心机妆前乳 (30g)

口碑推荐！

Skin Laminate 玩美无瑕 UV 防晒妆前乳 SPF30 PA++ (30g)

口碑推荐！

Skin Laminate 玩美无瑕润泽粉底霜 (30g)

Soda Salon系列最令人惊艳的产品就是这款碳酸亮颜泡泡面膜了，搭上了日本最热门的碳酸美容风潮，创新的泡泡面膜设计，只要敷上30秒，就能达到按摩的效果，软化老化角质与毛孔中的粉刺脏污，并使肌肤透明白皙。

日本最热！

Soda Salon——碳酸亮颜泡泡面膜 (120ml)

file-18 开架美容

KATE

KATE为佳丽宝化妆品集团的开架式彩妆品牌，以日本新世代完美歌姬——中岛美嘉为品牌代言人，在日本销售NO.1，是超人气的畅销品牌。

KATE彩妆系列包括眼影、眉笔、眼线笔、睫毛膏、唇彩、粉饼、腮红、指甲油等一应俱全。其中眼部彩妆最受年轻女性的青睐，特殊的珠光、霜状、含亮粉的彩妆品，不但融合了都会的流行色彩与质感，在展现摩登前卫风采的同时不失清新典雅的韵致。因此在日本，只要KATE彩妆新品一上市，立即成为年轻女性之间最新的彩妆话题，日本美容流行杂志亦相当推崇。

坚持的品牌概念："no more rules自己的色彩、自己决定"，欲传达自我主张、前卫、时尚的产品印象，借由多样化的流行风貌以及丰富缤纷色彩变化，提供给都会年轻女性自主创造专属于自己的独特色彩，让每一位女性都能找到更贴近自我品味的彩妆表现及彩妆乐趣！

魅彩眼影盒 (GY-1)

魅惑眼影盒 (GN-1)

斜角眼线笔　魅姬唇釉　眼线胶组 (SV-1)

file-19 开架美容

Lavshuca

同为佳丽宝的开架彩妆品牌，Lavshuca是针对彩妆意识较高及要求品质水准的女性为主所设计出来的品牌，要唤起女性如儿童般无心机、大胆尝试的彩妆。品牌之追求为"Your Inner Sensibilities"，也就是"被隐藏感性之觉醒"，品牌的概念启动女性之两大本能"自然纯真的天使+性感的小恶魔"。

Lavshuca全系列产品都是由日本制造，采用高品质成分珍珠精华液及蚕丝蛋白。珍珠精华液是由天然珍珠中所萃取出来的，近似于皮肤之角质层所含的保湿成分，对肌肤具有高保湿效果；而蚕丝蛋白粉末为天然绢丝主成分，肌肤亲和力极佳并富高效保湿力，能适度将水分包围住，防止肌肤干燥。使用Lavshuca彩妆，让你无论远看近看，都能展现肤纹细致、无瑕轻透的肌肤光彩。

无瑕打底液　绝色唇彩　水感保湿唇膏

单色修容饼

光感眼彩盒

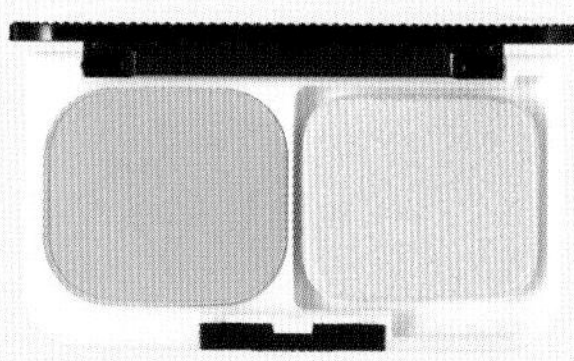

陶瓷肌粉饼 + 粉盒

file-20 开架美容

AQUA LABEL

资生堂的开架美妆保养品牌AQUA LABEL，以进阶的导入式让保养效果更明显更快速，只需要开架美妆保养品的价格，就能满足普通大众的真正保养需求。系列产品有水美白系列、水保湿系列、紧致活妍系列，涵盖保养与底妆产品一上市即造成话题。

AQUA LABEL的导入式保养是针对难以吸收保养成分的肌肤，或是担心保养效果不好的你所推出的保养新观念，利用资生堂独家研发专利保湿导入成分“高效活肤水因子”AQUA SYNERGY，先柔软已老化的角质层，再将复合的美容成分充分注入肌肤最深层，促进吸收，让你简单保养就能达到最好效果。

光感保湿粉底

水美白高效活肤导入液 (120ml)

file-21 开架美容

MAJOLICA MAJORCA

资生堂恋爱魔镜——MAJOLICA MAJORCA的概念主轴围绕在爱情上，它认为每个女生心中都有一面魔镜，只要有真爱降临，便可心想事成，让自己成为最美丽的女人！也因为这个创新概念，恋爱魔镜全系列商品皆以立即显效为研发重点，就像魔镜一样，马上改变造型，立刻散发魅力！

品牌也回应不盲从跟随流行趋势、重视展现自我风格的女生们想要变得更漂亮的期望，精心研发出具有短时间立刻变美之美妆效果的彩妆品牌。集眼部、唇部、指甲与肌肤等四大部位之变脸大成，让任何人都可以简单地变得更美丽的魔幻彩妆商品。

双彩唇蜜

魔彩电光眼影盒

魅惑光感睫毛膏第二代

file-22 开架美容

INTEGRATE

资生堂INTEGRATE完美意境开架彩妆品牌，是女性追求颜色、质感的最高境界，意指以自身理想的部位用有如巴黎艺术的典雅风，以颜色加以调合润饰之后，再将每个人最优质、最佳的部位用局部的相互对称完美地呈现出来。

INTEGRATE的品牌概念是“高度理想”，实现绝对美人的黄金五官。系列产品可以帮助描绘出自然动人的理想黄金五官，呈现鲜明的印象。资生堂运用长年以来研究的彩妆平衡理论，分别针对双唇、双眸、睫毛、眉毛、肌肤、指甲六大类别，追求理想中的美丽，推出了拥有惊人的呈现效果、色系、质感的产品。

光彩修容蜜粉

超玩美艳光唇蜜

file-23 开架美容

Freshel

嘉娜宝的开架保养品牌，Freshel肤蕊的品牌追求简单、便利、确实有效，即使忙碌也要美丽，造福现代社会忙碌、想要快速有效做好保养的女性。

2008全新肤蕊美白系列，成分升级，能更快速渗透至肌肤底层发挥高效美白效果。人气新品为“一瓶能同时美白+防晒”的美白防晒化妆水，以及睡眠用的美白精华晚安美容霜，满足30~40岁女性希望一瓶多机能、效果快速的保养需求。

美白防晒化妆水 (160ml)

美白精华晚安美容霜 (40g)

开架美容

Kiss Me花漾美姬

Kiss Me的开架系列中，就属花漾美姬系列最受欢迎，是根据漫画中女主角而命名。故事中的女主角时常出现流泪的画面、淋雨的场景，但无论什么样的场面，永远是保持最美丽的样子，令每个女孩都向往。

花漾美姬产品包装以大众熟悉的漫画风格，非常吸引人，但其热卖的主要魅力还是来自于产品本身的功能性，其中睫毛膏和眼线液不但效果亮眼，防水还防晕染，隔离霜能控油与不脱妆，蜜粉饼更是添加了玫瑰精油，能够在上妆、补妆时享受香味，心情也随之愉悦。

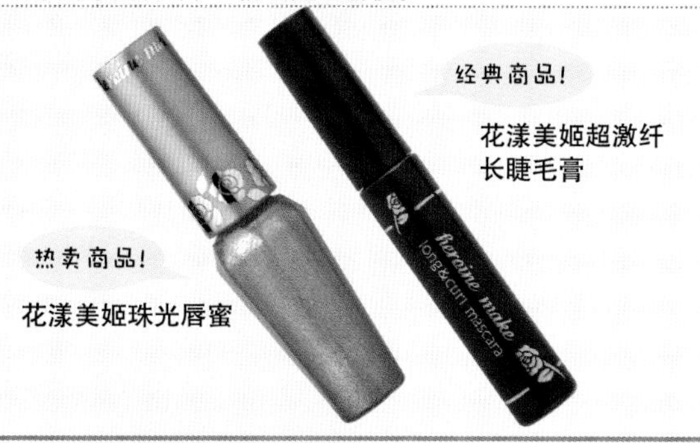

经典商品!

花漾美姬超激纤长睫毛膏

热卖商品!

花漾美姬珠光唇蜜

开架美容

Barbie

Barbie Cosmetics彩妆品牌以其可爱俏皮的包装、缤纷的糖果色彩，不但满足了年轻女孩们爱美尝新求变的心，也满足了每个女生小时候心中所怀抱着的芭比梦。商品强调简易上手，因此着重眼妆、唇妆以及定妆效果。全系列彩妆产品有眼影、唇蜜、护唇膏、蜜粉、蜜粉棒等。

除了帮助轻松打造芭比妆容之外，更传达出新时代芭比女孩的Lifestyle，拥有完美身材、不凡衣着品味，永远走在时尚最前端、并且懂得宠爱自己、乐于分享！用彩妆打造全新的自己，和芭比一样造型百变、自信亮眼！

热卖商品!

轻漾唇蜜冻

热卖商品!

光漾唇蜜

开架美容

MAYBELLINE

MAYBELLINE于1915由Thomas L Williams所创立，为了帮妹妹赢得心上人的爱慕，激发他发明了世上的第一支睫毛膏。基于睫毛膏的成功，MAYBELLINE开始研发其他彩妆，20世纪20年代推出眼影，20世纪30年代推出眼线笔与眉笔。不断推陈出新的MAYBELLINE，20世纪60年代陆续推出第一代Ultra Lash自动睫毛膏与防水睫毛膏。20世纪70年代，开始拓展唇部、脸部与指甲的彩妆用品。

来自纽约的MAYBELLINE彩妆不仅提供多样化的选择，并与世界流行同步，不但是美国开架彩妆市场的第一品牌，在国内也是睫毛膏市场的NO.1人气品牌，艺人明星也爱不释手。

人气新品!

XXL 超大魅眼双纤维防水睫毛膏（终极版）

人气新品!

ANGELFIT 羽透光 粉底液

开架美容

CINEORA

在日本拥有超人气的彩妆口碑品牌“CINEORA紫醉睛迷”，其品牌的命名，源自于Cinema与Opera这2个字，CINEMA+OPERA=CINEORA紫醉睛迷，希望借由彩妆的神奇魔力，让每个人都能完美化身成心目中的歌剧名伶与电影明星，绽放耀眼独特的自信光彩。

产品包装设计上，以优雅迷人的银紫色瓶身，搭配着花朵图纹，如同高级艺术品的精致设计，令人爱不释手。CINEORA紫醉睛迷系列，也是具有护肤功能的彩妆品，蕴涵温和的保湿成分，上妆的同时不刺激肌肤，对彩妆敏感的女性也能使用。

话题新品!

魔法光双效眼睫笔（公主粉）

热卖商品!

魔法光蜜粉饼（魅紫色）

开架美容

L'OREAL

从1907年法国化学家尤金·史威拉发明世界第一瓶染发剂后创L'OREAL品牌至今，已行销全球120多个国家，产品线包括染发、造型、护肤及彩妆等个人用品。

保养品上L'OREAL了解不同女性的不同需求，并针对亚洲女性需要，研发适合亚洲女性肤质特性的产品。独有完整的三阶段研发，每个产品都历经科学家数年不断研发与皮肤专家及消费者产品测试，确保产品品质及功效，而满足消费者的需求。

彩妆部分L'OREAL坚持以最高品质打造顶级彩妆品，持续在产品概念、质地、成分、包装上亦不断地研究改良，让所有的女性都能够轻松拥有与欧美专柜品牌同级的精品享受和呵护。

话题新品！

完美吻肤 亲肌系晶矿璀璨颊彩粉

热卖商品！

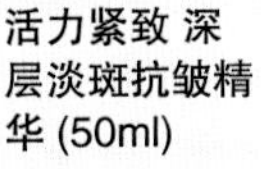

活力紧致 深层淡斑抗皱精华 (50ml)

开架美容

高丝蔻丝媚影

高丝蔻丝媚影(kose cosmenience)为高丝集团旗下的开架式保养品牌代表，主要通路为药妆店及其他精品连锁通路。针对喜欢轻松、快速、自由选购商品的年轻上班族以及20岁左右的大学生们所设计，提供其肌肤需要、适合的商品。

高丝蔻丝媚影保养商品选择性十分丰富，包括保湿、美白、基础底妆等系列。其中又以精粹润肌精、润肌精润密系列、新妍皙珍珠肌以及精华补给系列最受到中国台湾女性的喜爱。

人气新品！

超洁净完美卸妆液 (180ml)

热卖商品！

精粹润肌精高保湿化妆水 (200ml)

开架美容

Za

结合日本资生堂和纽约ZOTOS双方力量，Za是为了拥有新一代价值观和生活方式的女性而创立的品牌，品牌名正是"ZOTOS ACCENT"的缩写。

品牌的理想是为了"享受生活的女性"提供全方位美妆产品，让她们变得更美丽。将重点放在研发，结合美容沙龙创意人员与技术团队，发展出一系列概念商品，实践美的创意与哲学，创造出全新系列的Za美妆产品。

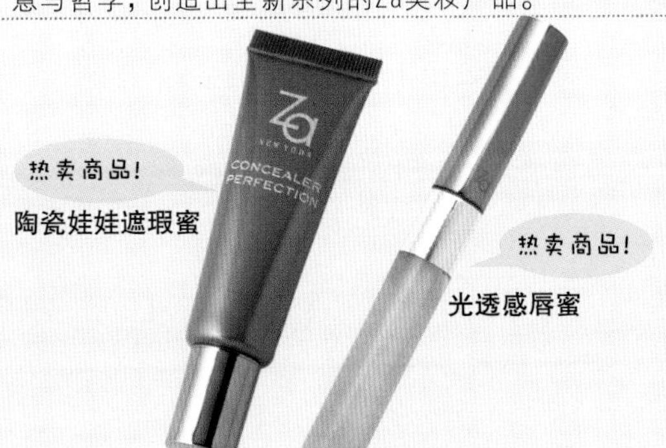

热卖商品！

陶瓷娃娃遮瑕蜜

热卖商品！

光透感唇蜜

开架美容

Biore

Biore碧柔，是年轻女生的爱用品牌，品牌起源于1983发售Biore洗面乳，跨入脸部清洁市场；1994年发售Biore卸妆凝露，并陆续发售深层卸妆棉、卸妆油、卸妆乳，提供给消费者完整的卸妆类型选择，产品十分热销，排行榜上居高不下；1998年发售Biore妙鼻贴，又掀起狂销热潮。

高防晒乳液SPF48，至今仍为开架防晒的人气商品，而后发售Men's Biore男性个人商品系列，更带起男性清洁市场发展。

2007年发售Biore Deep Free深层呼吸肌洗面乳系列，全系列含日本最新高科技配方，提供给消费者更高机能与高附加价值洗面乳商品；防晒系列再推出日本进口的脸部专用防晒隔离乳，提供防晒润色等不同选择，让防晒更全面。

热卖商品！

防晒润色隔离乳液 SPF30 PA++

开架美容

OLAY

OLAY品牌来自一个真实故事。二次大战时一位军医精制了一种治疗灼伤的药，军医太太误当做乳液使用，没想到几个月后皮肤竟然变得有弹性，皱纹也减少了，OLAY保养品于是诞生。之后以卓越的护肤功效获得爱美女性肯定，迅速畅销150多个国家。OLAY秉持“专柜品质，聪明选择”之品牌定位，深入了解女性肌肤保养需求，以专业精神研发产品，建立良好的品牌形象。

产品涵盖了保湿、美白、抗老，十分多元化，有净白亮采系列、自然柔白系列、焦点亮白系列、多元修护系列、新生活采系列、时空锁定系列、基础保养系列等。

经典热卖!

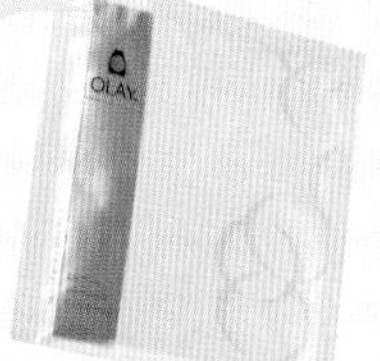

净白淡斑舒展面膜
(5片/盒)

人气新品!

焦点亮白乳霜
(50g)

开架美容

GARNIER

卡尼尔的故事起源于1904年法国的一个叫布洛瓦的小城镇，自Alfred Amour Garneir 发明含植物萃取精华的洗发露开始，一百多年来“以先进科技萃取大自然精华创造自然温和并具功效的护肤产品”一直是卡尼尔不变的坚持。

回应亚洲女性对美的挑剔，卡尼尔除以尖端科技萃取天然活性精华、产品卓越功效经科学实验证实外，其护肤产品在上市前都在皮肤科学专家全程把关下测试于亚洲女性肌肤上，以确保配方温和亲肤并适合亚洲肌肤需求。其中又以晶亮系列在亚洲市场上最受欢迎。

人气新品!

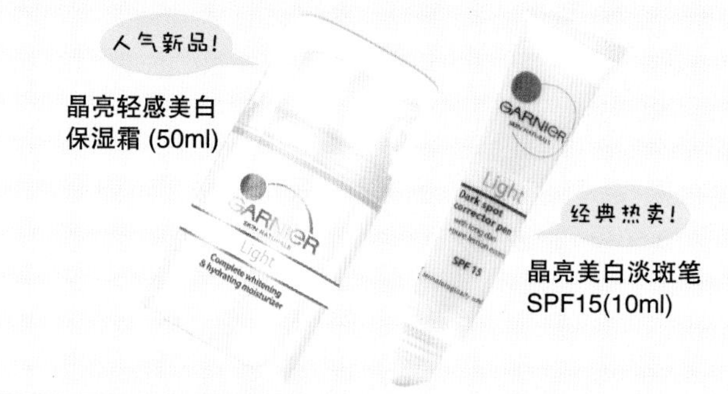

晶亮轻感美白
保湿霜 (50ml)

经典热卖!

晶亮美白淡斑笔
SPF15(10ml)

开架美容

Neutrogena

露得清Neutrogena是来自美国的保养品品牌，成立于1930年，品牌知名度与普及度极高，一直以来以温和有效、值得信赖的保养产品形象深受消费者肯定，不断研发创新，还推出医学美容级的焕肤产品，品牌形象更上一层楼。露得清原为独立公司，直到1994年由强生集团并购，成为该集团的子公司。

露得清产品系列包含脸部清洁、基础保养、面膜、身体护肤、防晒等产品，拥有广大爱用的消费者。其中，又以其面膜商品最受欢迎，成为年年攻占开架药妆店面膜销售排行榜的常胜军，连艺人明星都超推荐!

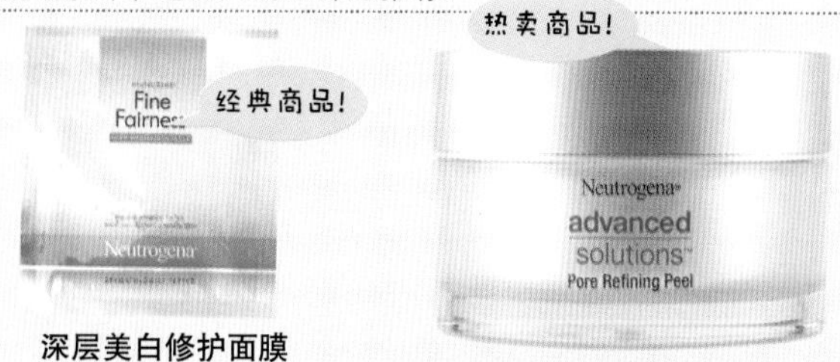

深层美白修护面膜
(5片/盒)

毛孔细致焕肤面膜 (50g)

开架美容

ALOINS

日本ALOINS雅洛茵斯全系列保养品，是使用日本四方十川地下深层水为纯原料水，加以高分子纯水化后的极致完美之水制造而成，并以芦荟为代表的天然素材造就的化妆品，充满着大自然的呵护与滋润。

其所使用芦荟都属华盛顿公约限量出口药用等级非洲库拉索及开普芦荟，其芦荟露最多最纯保湿效果最好，且在芦荟的萃取量及配方比例上，成功研究开发出独有的乳化技术，除去芦荟果肉部位外连皮都一起萃取，能使芦荟的有效成分直接渗透至皮肤深层且完全地被吸收，造就完美滋润肌肤。

热卖商品!

CoQ10
MOISENSE cream ALOINS

Q10 深活肤保湿精华霜 (45g)

开架美容

我的美丽日记

我的美丽日记为统一药品自创之开架保养品牌。自2004年创立开始，即秉着让所有女生“每天都可以更美一点”的概念，推出各种平价、多变化、适合每天使用的面膜，让每个年龄层的女生，都能够用面膜写日记，记录皮肤越来越好的每一天。

面膜价格亲切、保养效果优、选择多样化，让我的美丽日记面膜系列，不但在中国台湾造成热卖与讨论，超人气还延续到中国香港、日本、中国内地，成为观光客来台湾必定大肆采购的商品之一。其中最口碑商品为保加利亚白玫瑰纳米面膜、红酒多酚面膜与珍珠粉面膜。

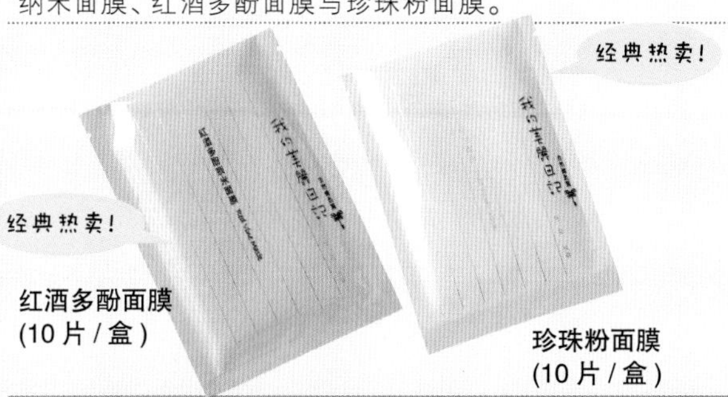

红酒多酚面膜（10片/盒）

珍珠粉面膜（10片/盒）

开架美容

美颜故事Be'fas

统一企业集团统欣生技通过美颜研发中心专业团队进行严密开发作业，经过多重成分寻找和配方测试，特选用目前日本划时代成分——白金来作为商品开发。推出美颜故事Be'fas(Beauty face)保养品牌。

白金成分有长效的抗氧化效果，亦能提高肌肤保水力。Be'fas将这护肤新素材微粒离子白金，搭配流行热门美白、活肤成分和天然草本萃取精华，推出两款精华液白金逆时活颜精华液、Be'fas白金美白亮采精华液，让保养品吹起平价奢华风，帮助女性打造完美、透亮、无瑕的素肌。

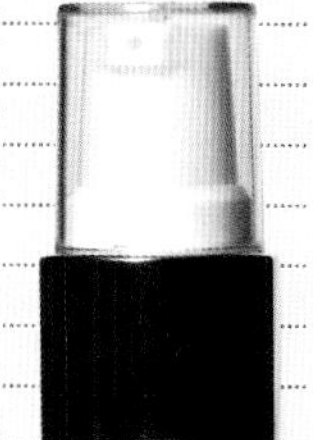
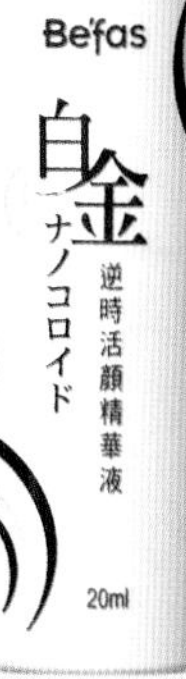

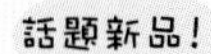

白金逆时活颜精华液（20ml）

开架美容

Majiami玛奇亚米

“Majiami玛奇亚米”一词来自流传于青藏高原的古老诗歌，诗中的“Majiami玛奇亚米”，意为圣洁母亲、纯洁少女、未嫁姑娘，意即美丽的女子的代名词，也意味着一个美丽的梦境。“Majiami玛奇亚米”认为美不只是肤浅的表象形容，而是一种纯净无瑕、兼具内涵与深度、放松享受自我，达到身心皆美的和谐状态。

因此，永丰余创造了玛奇亚米这个品牌，结合尖端科技与天然植物萃取，让每个女人回归最纯真的完美自我，轻松拥有内外皆美的美丽容颜。首先推出的生物纤维面膜令人惊艳，而最新的黑绝肌系列，使用多重美肌优质成分，更是造成话题热卖。

黑绝肌美白保湿凝露（125ml）

生物纤维美白面膜（3片/盒）

开架美容

曼秀雷敦

美国曼秀雷敦公司创立于1889年，因成功创造“曼秀雷敦薄荷膏”而闻名，“曼秀雷敦”品牌名字MENTHOLATUM，即是由MENTHOL（薄荷）及PETROLATUM(石蜡油)组合而成。

而后，曼秀雷敦除生产薄荷膏外，陆续研发制造身体用的酸痛药膏与脸部保养品、润唇膏、防晒等用品，鲜明的小护士LOGO，没有人不认识这个经典的品牌。品牌畅销世界多国，其分公司遍布世界各地，在加拿大、澳洲、英国及亚洲太平洋地区均设有分厂。其产品于日本、中国香港及中国台湾等地亦相当普及受欢迎。

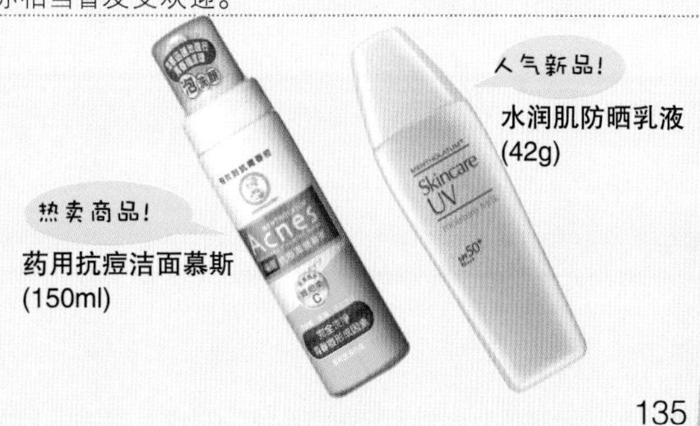

水润肌防晒乳液（42g）

药用抗痘洁面慕斯（150ml）

开架美容

Burt’s Bees

是一个追求天然的乐活品牌，经典亲切的蜂蜜爷爷，品牌辨识度极高，随着全球乐活风潮兴起，Burt’s Bees也越来越受消费者喜爱与肯定。产品皆有天然宜人的香味，舒缓舒压效果优，很适合忙碌的现代人。

坚持不使用石油合成的添加物与人工防腐剂，积极实践减量、回收与再生的环保概念，使用回收或可再生的包装，产品容器均可多次重复利用。

产品皆是来自大自然所提供的最好成分如药草、花朵、植物油、蜂蜡、芳香精油与皂土。Burt’s Bees将取材自大自然的原料经过各种先进技术分离、净化后得出精华物质，安全而有效。

经典明星款！

草本战痘露
(7.7ml)

人气热卖品！

葡萄柚油脂
平衡喷雾
(118ml)

开架美容

自然美fonperi

以美容沙龙专业为追求的新品牌自然美fonperi以“泉净白”美白系列于2007年进军药妆店，为了能满足年轻消费族群，也能在零售通路上寻求到专业呵护，因而研发更健康且更自然的salon专业级保养。

第一波的自然美fonperi“泉净白”系列美白产品，是开架品牌中的新选择。该系列欲传达的概念是“白得透亮、白得健康”。一件产品，两种呵护，拥有保湿也拥有美白。自然美认为唯有做好基础保养，保水的肌肤才能彻底吸收美白成分。除了美白系列外，陆续推出抗痘净肤、抗老、保湿及男性保养品等。

人气新品！

泉细致紧颜
舒敏活肤露
(80ml)

经典热卖！

泉净白亮皙保湿化妆水
(110ml)

开架美容

JUJU

2003年7月开始发售以透明质酸为主的商品，首波推出化妆水、美容液、乳液，产品的概念是简单，没有多余的成分，包装以水的印象呈现。品牌概念希望提供高保湿的保养肌肤系列给干燥、易产生细纹及弹力不足的肌肤，发挥透明质酸最大的功效。

而后陆续推出面膜、清爽保湿化妆水、化妆粉底液、美容液、保湿泡洗颜、保湿卸妆乳、护唇膏、护手霜等产品，并不断升级改良。系列产品的最大特色在于都不添加色素、香料、矿物油等，温和天然的成分、舒服的使用触感，以及高效的保湿滋润效果，一直以来在药妆店都维持很好的口碑与销售成绩。

热卖商品！

透明质酸保湿
洗面乳 (120g)

热卖商品！

透明质酸保湿
护唇霜 (7g)

开架美容

PALGANTONG 剧场魔匠

1910年由英国Leichner公司研发的舞台化妆用face powder，又名“powder for movie star”，许多的专业彩妆师及影视明星都是爱用者，正因为是舞台用化妆品，其超群的修饰作用，不干燥、不易脱妆的效果很优。

在韩国化妆品界独占十多年的知名化妆品公司——dodo company，考量亚洲的气候及东方人的肤质重新调制而成此款质感优的蜜粉，虽无华丽的包装，但凭着产品的实力，因口耳相传推荐造成热卖，在日、韩、中国台湾等地屡创销售佳绩。

热卖商品！

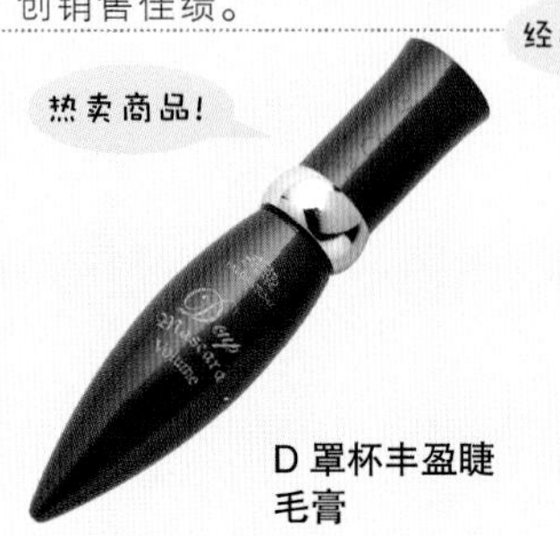

D罩杯丰盈睫
毛膏

经典商品！

剧场魔匠面具蜜粉

开架美容

Yes To Carrots

在全球消费者健康意识抬头及有机饮食风潮驱动下，以有机天然蔬果为主的美容保养品，也成为保养新趋势，为让消费者能够亲身体验天然有机蔬果滋养功效，跨国美妆品牌代理集团——DNA Beautè引进风靡欧美、澳洲及亚太区的胡萝卜有机保养品——Yes To Carrots。

其富含以色列珍贵死海矿泥及胡萝卜等天然蔬果萃取精华，能让使用者轻松享受肌肤与心灵双重美味呵护，于2007年底上市，从头到脚一系列的护肤产品，提供给消费者肌肤顶级保养的平价新选择。

人气新品！

人气新品！

柔润去角质洁面霜 (100ml)

保湿晚霜 (50ml)

开架美容

Sanctuary 圣活泉

来自英国柯芬园的全方位SPA品牌——Sanctuary圣活泉，透过SPA专业经验，搭配高质感且平价的保养系列产品，提出居家“轻SPA”全新概念，让女性借着SPA舒压、香味保养，简单卸下每日压力，恢复健康与美丽。

2006年，圣活泉一上市就引起消费者的关注与讨论，成为开架身体保养的热销品牌。2008年5月，全新引进脸部天然保养系列，率先推出国外热卖的微温焕肤磨砂膏、明亮光彩醒肤油以及微温洁净面膜等多项商品。通过天然香味与矿、植物的滋养修护成分，帮脸部肌肤天天做SPA，散发活力光彩。

热卖商品！

微温洁净面膜 (100ml)

热卖商品！

蜜糖磨砂膏 (400ml)

开架美容

heme

Heme一直是开架保养品中颇受欢迎的年轻品牌，heme认为18~25岁的年轻肌肤，新陈代谢十分正常，选用保养品的观念就是尽量得简单，做好清洁、保湿、防晒，依照自己的肤质与肤况的需要选择适合的产品，且要建立“贵不一定代表好”的观念。

2007年底，heme根据年轻人的肌肤特性及保养习惯，推出了以2-Step保养学为中心概念的每日简单保养——BASIC基础保养系列，追求只要清洁+乳液简单两步骤对付5种肤质，就能轻松有效做好保养，替年轻肌省略繁复保养步骤，依肤质差别回归简单保养法，是开架保养品中肤质分类最齐全的系列商品。

人气热卖！

天使毛孔抚平膏 (12ml)

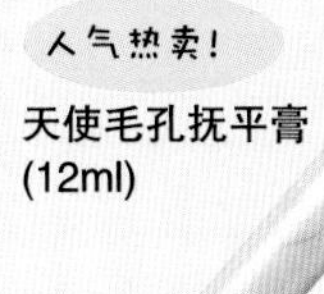

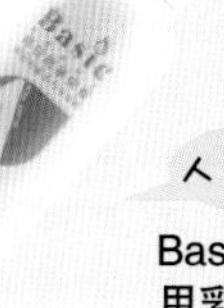

人气热卖！

Basic 痘痘肌专用乳液 (120ml)

开架美容

广源良

广源良于1986年创立，秉持着成分自然的坚持，亲切的品牌形象为企业经营理念，全心投入天然保养品之开发、生产、制造与销售领域。结合本土农业产品，专注于天然保养品的推广与改良，发展二十余年，不断精益求精，致力研发各系列的草本商品，以最平实的价格，让每位消费者以最愉悦的心，体验保养的乐趣。

2007年广源良承接了战痘品牌的专业经营，推出全新山苦瓜系列保养品，并结合弯弯为该系列商品的可爱插画，深受年轻族群的喜爱。在产品上也运用大量有效植物萃取配方并加入多元的生化技术，全方位提升商品的机能。

热卖商品！

山苦瓜极净泡泡洁颜粉 (50g)

网络品牌

BRTC

BRTC是来自韩国的专业美容品牌，系列产品皆采用天然的亲肤植物性成分呵护肌肤，使保养更有效率。品牌特色是具安心性:不刺激、无过敏；安定性:成分温和安定；价值性:专业且亲民；有效性:深层保湿、抗老化、亮颜焕采、防护效果。产品有众多韩国艺人推荐与韩国专业美容管理中心使用，口碑极佳。

超人气的BB CREAM商品，结合最专业的研发团队，种类多元，引爆韩国BB市场话题与热卖，除了原本就很受欢迎的BB防晒修饰乳、BB控油修饰乳、BB美白修饰乳外，2008年最新款的明星级BB Cream——珠光BB修饰乳，拥有美白+抗皱的双重机能，改善血液循环不佳的暗黄气色，能使肌肤透出珍珠般的光泽亮采，更能雕塑五官轮廓、塑造出立体感，一次拥有女性追求的华丽梦幻明星肤质，帮助打造夏天最耀眼妆容。

另外，新推出的机能性防晒粉饼与创新概念防晒膏，也是非常具潜力的话题商品，添加有效阻断紫外线成分，能安全隔离外部伤害与紫外线UVA/UVB、调节过度分泌的油脂，赋予受损肌肤生机，是具高防护效果的机能性化妆品，质地轻透，触感细致，肌肤使用无负担。

UV White 防晒粉饼 SPF 40 PA++(12g)

UV White 防晒膏 SPF 50 PA+++ (15g)

防晒修饰乳 SPF46 PA++(40ml)

珠光 BB 修饰乳 (40ml)

网络品牌

SkinAngel

“SkinAngel”这款2008年最新发表的高机能除纹修护霜，为璟腾国际有限公司与T&T BIOTECH GROUP历经数年所共同研究开发，添加六胜肽因子搭配生医级胶原蛋白，更添加维生素K_1、尿囊素、雷公根萃取精华、乳油木果油、天然海鲛油等有效成分，可以修复皮肤，提升皮肤的弹性与延展性、使肌肤更富弹力、提升自主弹性功能。

此外，还能保湿、滋润肌肤并促进胶原纤维新生及强化胶原弹力蛋白修护受损的纤维组织，提供肌肤适当的滋养因此能改善粗糙与平整紧实肌肤，预防与修护妊娠纹的形成。甚至肥胖纹、橘皮等身体的所有肌肤纹路都能有效改善，连续使用两个礼拜，更可提升肌肤平滑度32%、增加肌肤紧致度40%以上，连续使用四个礼拜，更可有效改善妊娠纹的困扰，进而达到对抗老化皱纹的效果。

高机能除纹修护霜 (80g)

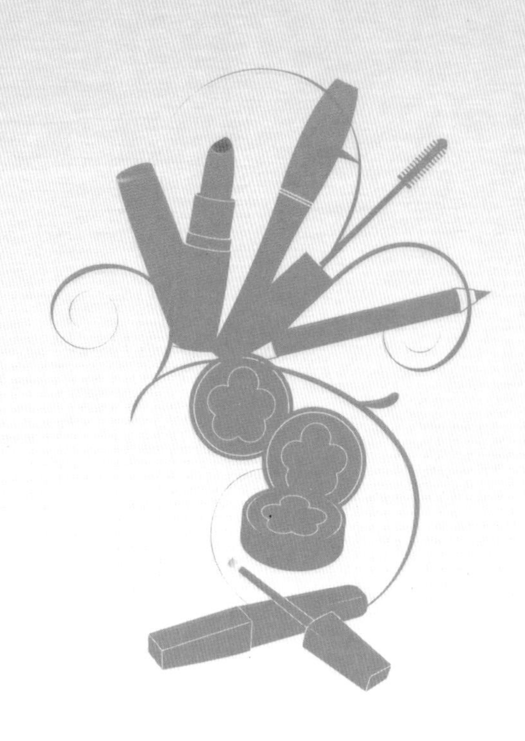

- 爱美也爱惜荷包的你，
  还在为了百货公司特惠组合抢破头吗？
- 再也不用这么辛苦了！
- 达人推荐口碑医学美容品，
  各种肤质、各种妆容都实用的超省钱
  梦幻产品组合，一次满足你！
- 怎么选？怎么用？
- 彩妆保养关键秘技一次教会你！
- 只要技巧对了，即使不用最贵的产品，
  也能创造漂亮美肌！

游丝棋『彩妆达人』

ELLE Style Awards风格人物大赏最佳年度彩妆师，也是众多彩妆品牌的专案彩妆师。合作过的名人有：孙芸芸、贾永婕、天心、张韶涵等。作品广布于平面杂志、电视节目、广告、化妆品发表会等。干净且带有强烈的时尚感是她的彩妆风格，擅长观察一个人五官特质，并做出最大的特色表现。此外，还积极推广彩妆教育工作，提携后辈。

『保养达人』**牛尔**

拥有美容界十多年资历，曾担任知名品牌化妆品公司的行销、教育训练及发言人的职务，也曾在大学担任专业讲师。现为知名电视节目与美容网站的咨询顾问专家，针对亚洲女性设计研发出“牛尔”保养品牌。专长为彩妆保养品成分之功能运用，以及美容保养、芳香疗法之专业知识，在美容界已是超级“教主”地位。

何嘉文『省钱达人』

时尚界的流行小教主，对彩妆保养也很有自己独到的一套见解，自创的 LoveVivi 彩妆品牌，不但超人气亦走平价实用路线。对于化妆品讲究好用与物超所值，不追求昂贵商品，只追求适合、实用与对的方法。为各大美容流行电视节目喜爱邀请的达人来宾之一。

『美肌达人』**吴玟萱**

从造型界转战艺能界，专家公认拥有吹弹可破、零毛孔的超美肌艺人，对于美容保养相当有兴趣，多年钻研试用颇有心得。出版的美容书《无敌爱美神》十分畅销热卖，以自身经验建议读者如何选择、如何用，不花冤枉钱！保养得道的美丽肌肤，也让她成为各大美容节目座上宾的热门人选。

策　　划：张国岚 尹志秀
责任编辑：尹志秀
特约监制：孟　祎　　刘艳
特约策划：王俊灵
特约编辑：钱其强　　王薇
封面设计：
网络支持：OnlyLady.com

建议上架：美容|时尚

ISBN 978-7-80755-667-1

9 787807 556671 >

定　价：39.80元